辽宁乡村振兴农业实用技术丛书

辽宁道地药材生态种植技术

主　编　孙文松　李晓丽

东北大学出版社
·沈　阳·

图书在版编目（CIP）数据

辽宁道地药材生态种植技术 / 孙文松，李晓丽主编
. — 沈阳：东北大学出版社，2023.12
ISBN 978-7-5517-3480-6

Ⅰ. ①辽…　Ⅱ. ①孙…　②李…　Ⅲ. ①药用植物－栽培技术－辽宁　Ⅳ. ①S567

中国国家版本馆 CIP 数据核字(2024)第 017240 号

出 版 者：东北大学出版社
地址：沈阳市和平区文化路三号巷 11 号
邮编：110819
电话：024-83687331(市场部)　83680267(社务部)
传真：024-83680180(市场部)　83680265(社务部)
网址：http://www.neupress.com
E-mail: neuph@neupress.com
印 刷 者：辽宁一诺广告印务有限公司
发 行 者：东北大学出版社
幅面尺寸：145 mm×210 mm
印　　张：6.75
字　　数：175 千字
出版时间：2023 年 12 月第 1 版
印刷时间：2024 年 1 月第 1 次印刷
策划编辑：牛连功
责任编辑：杨世剑　王　佳　　责任校对：周　朦
封面设计：潘正一　　责任出版：唐敏志

ISBN 978-7-5517-3480-6　　定　价：28.00 元

“辽宁乡村振兴农业实用技术丛书”
编审委员会

前　言

中药作为中国传统医学的重要组成部分，一直在临床上发挥着重要作用。随着国家对中药材产业支持力度的不断加大，我国中药材生产呈现出朝着规范化、规模化、专业化方向发展的趋势。国家出台了一系列政策，鼓励中药材生产企业加大科技投入，提高生产效率，保障中药材质量。随着消费者对中药材的认可度不断提高、需求不断增加，特别是在乡村振兴战略推动下，我国中药材生产得到了快速发展。

我国北方凭借天然的生态优势，生长着许多优质的道地药材，如人参、龙胆、五味子、细辛等。道地药材在中药中用量最大，在常用的约 500 种中药材中，具有道地性质的药材约占 200 种，其用量占中药材总用量的 80%。这些中药材不仅要满足国内需求，而且被大量出口。面对巨大的市场需求，仅靠野生资源是远远不够的，只有依靠种植才能够解决这一问题。然而，在种植过程中，出现了盲目引种、种质混杂、农药肥料使用不当、采收期不适宜等诸多问题。中药研究的发展和中医药疗效的提高，必须建立在中药材科学规范化种植的基础上。因此，迫切需要提高中药材规范化种植技术，进而提高中药材的品质和产量。

为使读者系统了解、掌握道地药材生态种植技术，编者针对人参、白鲜、北苍术、黄精、辽细辛、龙胆草等 16 种辽宁道地药材的产业现状、选地整地、育苗种植、田间管理、病虫害防治及采收初加工技术等，总结多年积累的工作经验，查阅大量文献后编写了本书。编者还采集了植株形态及典型病虫害的易识别图片，并有针对性地提出了防治措施，为提高病虫害防治效果，以及药材的产量和品质提供参考。

本书对 16 种道地药材的种植管理技术、采收初加工技术等进行了详细论述和总结，具有一定的理论基础，重点突出，图文并茂，不仅具有良好的阅读性，还具有突出的实用性和可操作性，可为不同层次的中药材种植者提供启迪和帮助。

由于编者水平有限，加之编写时间仓促，本书中难免存在错误或疏漏之处，敬请读者批评、指正。

编　者

2023 年 9 月

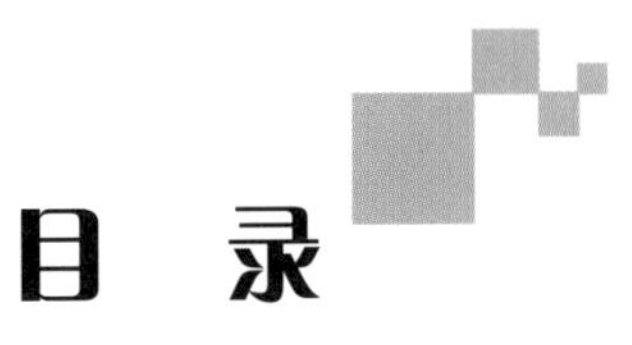

目　录

第一章　白鲜

白鲜（*Dictamnus dasycarpus* Turcz.）为芸香科（Rutaceae）白鲜属（*Dictamnus* L.）多年生草本植物。白鲜始载于《神农本草经》，列为中品。干燥根皮入药，药材名称白鲜皮。白鲜皮性寒、味苦，归脾、胃、膀胱经，具有清热燥湿、祛风解毒之功效，多用于治疗湿热疮毒、黄水淋漓、疹疥癣疮癞、风湿热痹、黄疸尿赤等疾病，在我国具有悠久的用药历史，是我国传统的中草药。白鲜皮中含有生物碱、柠檬苦素、黄酮、甾醇、倍半萜及其苷类等化学成分，以生物碱和柠檬苦素为主。现代药理学研究结果表明，这些化学成分具有抗肿瘤、抗菌、抗炎、抗氧化等多种活性。

白鲜属茎基部木质化的多年生宿根草本，高 40~100 cm。根斜生，肉质粗长，淡黄白色。茎直立，幼嫩部分密被长毛及水泡状凸起的油点。叶有小叶 9~13 片，小叶对生，无柄，位于顶端的一片则具长柄，椭圆至长圆形，长 3~12 cm，宽 1~5 cm，生于叶轴上部的较大，叶缘有细锯齿，叶脉不甚明显，中脉被毛，成长叶的毛逐渐脱落；叶轴有甚狭窄的翼叶。总状花序（图 1-1，图 1-2）长可达 30 cm；花梗长 1.0~1.5 cm；苞片狭披针形；萼片长 6~8 mm，宽 2~3 mm；花瓣白带淡紫红色或粉红带深紫红色脉纹，倒披针形，长 20~25 mm，宽 5~8 mm；雄蕊伸出于花瓣外；萼片及花瓣均密生透明油点。成熟的果（蓇葖）沿腹缝线开裂为 5 个分果瓣，每个分果瓣又深裂为 2 个小瓣，瓣的顶角短尖，内果皮蜡黄色，有光泽，每分果瓣有种子 2 ~3 粒；种子呈阔卵形或近圆球形，长 3~4 mm，厚约 3 mm，光滑。花期在 5 月，果期在 8—9 月。

图 1-1　白鲜原植物（花、果）

图 1-2　白鲜花期

白鲜分布于我国黑龙江、吉林、辽宁、内蒙古、河北、山东、河南、山西、宁夏、甘肃、陕西、新疆、安徽、江苏、江西（北部）、四川等地，朝鲜、蒙古、俄罗斯（远东）也有分布；生于丘陵土坡、平地灌木丛、草地或疏林下，石灰岩山地亦常见。

一、产业现状

白鲜皮的应用范围较为广泛。中药厂、中药饮片厂、植物提取物厂及兽药厂等以白鲜皮为主要原料生产了近千种新药、特药、中药饮片、植物提取物和兽药等，并在科技创新中用白鲜皮研制开发了许多抗真菌活皮癣等外用中成药，投入市场后，颇受消费者青睐。同时，我国遍布城乡数以万计的各类医疗单位及民间偏方、验方中也在大量使用白鲜皮。

黑龙江、吉林、辽宁、内蒙古为我国传统中药材白鲜皮的主要产区，其产量占全国总产量的80%以上。东北白鲜皮是东北著名道地药材之一，因其质量颇优，多年来一直受到国内外市场青睐。东北白鲜皮走势顺畅，需求量增加，供需缺口扩大，价格连年上涨，截至目前，白鲜皮价格已由2009年底的27~38元/kg攀升至135元/kg，成为药商角逐的重点品种。

二、生态种植技术

（一）选地整地

选择阳光充足、地势高燥、土质肥沃疏松、排水良好的砂质壤土平地或缓坡地栽培，避免重茬、重金属污染、农药污染地。

在上一年秋季或当年早春，整地前，先施入底肥，可施腐熟的农家肥3.0万~4.5万 kg/hm^2，深耕30 cm以上，清除石块、根状茎（亦称“根茎”）、枝条、杂草等杂物，打碎土块，耙匀后作畦，畦面中间略高于两边，便于排水。畦宽120 cm左右，高

20 cm 左右，长度根据地块实际情况而定，四周开排水沟。

（二）播种

1. 种子质量要求

选择上一年收获的颗粒饱满、不携带病菌的种子，要求净度不小于95%，发芽率不小于85%，千粒重不小于18 g。

2. 育苗

育苗（图1–3，图1–4）可采用春播和秋播两种播种方式。春播适期为4月上中旬，秋播适期为10月初至11月封冻之前。播种方式可采用撒播或条播。

图1–3　白鲜苗期

图1–4　白鲜育苗基地

撒播。播种时将白鲜种子均匀撒播在苗床上，播种量 120~150 kg/hm^2，使用铁耙等农用工具均匀耧耙，上覆 2~3 cm 细土，盖土后，床面稍加镇压，盖稻草、松针等保湿。出苗前表土层需始终保持湿润状态，遇春旱需及时浇水。

条播。播种时将白鲜种子与沙按照 1∶3 的比例均匀搅拌，在整好的高畦两边按照 15~20 cm 的行距开 4~5 cm 深的横沟，将拌好的种子均匀撒入沟内。播种量及播种后处理方式与撒播相同。

（三）移栽

适宜的土壤为砂质壤土和壤土，地势高燥、向阳、排水良好，土层深厚，栽植前深耕 30 cm 以上，根据土壤肥力情况施腐熟的农家肥 3.0 万~4.5 万 kg/hm^2。畦宽 120 cm 左右，高 20 cm 左右，长度根据地块实际情况而定，四周开排水沟。

白鲜幼苗生长 1~2 年，在当年秋季（9 月中旬）或翌年春季（4 月中旬至 5 月中旬）返青前移栽。移栽前，先进行检验或检疫，剔除病虫伤疤的根茎，选择优质粗壮种苗移栽。采用开沟移栽方式，沟槽宽 15~20 cm，株行距为 30 cm×30 cm。芽头向上，苗根舒展。覆土厚度 3~4 cm，压实。

（四）田间管理

1. 灌溉

播种后出苗前土壤应始终保持湿润状态，如春季干旱应及时浇水，可用喷壶或微喷进行浇水。

2. 中耕除草

移栽的前两年，苗体小，故应本着见草就除的原则，每年除草 3~4 次。3 年后植株已经长得较高大，草害对其影响较小，可相对减少除草次数。

3. 施肥

5 月下旬至 6 月上旬追肥 2 次，追施农家肥 1200~15000 kg/hm^2。

4. 摘花去蕾

对不留种子的白鲜，在5—6月要摘除其花蕾。

三、病虫害防治技术

（一）灰斑病

1. 症状

白鲜灰斑病（图1-5）主要为害叶片，也可侵染叶柄。灰斑病发病初期病叶产生黄褐色小斑点，逐渐扩展为直径1.2~17.6 mm椭圆形或不规则形的灰褐色病斑，有黄色晕圈，病斑上有深褐色针尖大小的粒状物。发病严重时，病斑会合成片，连接成枯斑，遍及全叶，后期易导致黄化，甚至焦枯脱落。

图1-5　白鲜灰斑病症状

2. 发生规律

灰斑病病菌以分生孢子在病株残叶内或土壤中越冬，成为翌年的初次侵染源，当生长季温湿度适宜时，分生孢子借气流、雨水或田间操作传播，引起初侵染和再侵染，扩大蔓延。在东北地区，灰斑病一般在7月初开始发病，8月温湿度适宜时达到盛发期。

3. 防治方法

（1）精选白鲜苗。移栽白鲜苗时，应挑选无病、无伤残、芽孢饱满、长势壮的种栽，以减少被侵染的概率。

（2）田间管理。合理密植，施肥应以充分腐熟的农家肥为主。

（3）清洁田园。秋冬季要清洁田园，及时清除床面病残体，并集中烧毁。

（二）褐斑病

1. 症状

褐斑病病菌主要为害叶片，叶片上逐渐形成圆形、椭圆形病斑，直径 3~10 mm，褐色；后期病斑逐渐扩大，生无数黑褐色点状物，即病原菌的子实体。叶上病斑多时，易变黄早枯。

2. 发生规律

褐斑病病菌主要以菌丝体在病残体上越冬。越冬病残体和带病种苗是其田间发病的主要侵染源。翌春条件适宜时，分生孢子随气流和雨滴飞溅进行传播，引起初侵染，病斑上产生的分生孢子借风雨传播不断地引起再侵染。在东北地区，褐斑病一般在 7 月发病。

3. 防治方法

田间管理。秋季应彻底清洁田园，将病残体集中到远处烧毁或深埋；合理密植，保持田间通风透光。

（三）根腐病

1. 症状

根腐病病菌主要侵染白鲜的根部。根腐病发病初期为淡褐色病斑，地上部分枝叶由外向里逐渐萎蔫，后期地上部分变黄，病斑不断扩大，严重时根块组织呈水渍状，腐烂坏死，最后全株枯死。

2. 发生规律

根腐病病菌以菌丝体和分生孢子在土壤中越冬，属土传根部病害。积水地块病害发生较重。栽种带菌植株及土壤带菌是病害初次侵染来源。温度高、雨量大、相对湿度大易于该病的发生与蔓延，机械损伤也会加剧根腐病的发生。

3. 防治方法

（1）合理选地。选排水好及土层深厚的砂质壤土移栽种植。

（2）田间管理。合理密植，保持田间通风透光良好；保持床面整洁，注意及时除草；雨季及时排水，降低田间湿度。

（3）清洁田园。及时清除田间病残体，生长期间发现病株应及时挖掉，并用生石灰对病穴周围的土壤进行消毒，减少机械损伤，以减少田间病菌的再次侵染。

（4）生物防治。发病初期及时用药灌根，利用芽孢杆菌和木霉菌等生防菌防治。

（四）地老虎

1. 为害特征

地老虎属鳞翅目夜蛾科，幼虫又名土蚕、地蚕、切根虫等。幼虫为害白鲜，多集中在叶背或心叶啃食叶肉，残留表皮，造成空洞或缺刻。地老虎白天躲在浅土穴中，夜间及阴雨天出洞取食，主要从地面上咬断幼苗茎基部，将咬断的植株拖入洞口或窝中，致使植株枯死，造成缺苗断垄，直接影响生产。

2. 发生规律

小地老虎无滞育现象，条件适宜可终年繁殖。在我国 1 年发生 1~7 代，在各地年发生世代数由北向南递增，由高海拔向低海拔递增。在东北 1 年 2 代，越冬成虫于 5 月下旬出现，在接近地面的白鲜幼苗、茎叶或残株上产卵。第 1 代幼虫在 6 月中旬至 7 月中旬为害白鲜苗最盛，8 月中下旬为第 2 代幼虫发生与为害盛期。小地老虎幼虫3龄前不入土，仅在地上为害。一般1头幼虫1夜为害3~5株参苗，最多达10株，造成白鲜严重缺苗断垄。幼虫老熟后在5~10 cm深的土中营土室化蛹。小地老虎生活的适宜温度为18~26 ℃。小地老虎喜温、喜湿，温度的高低变化直接影响越冬代成虫的发生期和发生量。土样含水量的高低影响成虫产卵和幼虫的生长发育。在靠近水源地、地势低、地下水位高、土壤湿润、杂草丛生的田地内发生较重。

3. 防治方法

（1）清洁田园。做好田间清洁卫生，及时清除田边杂草，可以有效减少成虫落卵量和幼虫食料。

（2）深耕翻地。入冬前，翻耕晒田，不仅可以直接杀死一部分越冬幼虫和蛹，还可以让害虫暴露表面，使其被鸟类啄食或冻死，以减少害虫越冬基数。

（3）将1 kg的50%敌百虫乳油与50 kg炒香的麸皮拌匀，于傍晚撒于床面诱杀地老虎，每亩①撒1.5~2.0 kg。

（五）凤蝶

1. 为害特征

凤蝶是鳞翅目凤蝶科蝶类的统称。6—8月，凤蝶幼虫（图1-6）咬食叶片、嫩梢、花簇。叶片被害后呈不规则的缺刻或孔洞，受害严重时仅剩下叶柄和花梗。

2. 发生规律

凤蝶生长周期经历卵、幼虫、蛹、成虫4个发育阶段，每年代数因地而异，在高寒地区每年通常发生2代，温带地区每年可发生3~4代。在辽宁每年可发生3~4代，以冬型蛹在灌木丛枝

① 亩为非法定计量单位，1亩≈666.7米^2，此处使用为便于读者理解，兼顾生产应用习惯，下同。——编者注

图 1-6　白鲜常见虫害凤蝶

条或杂草中越冬。翌春 4—5 月间羽化，羽化即交尾产卵，每产 1 粒即行飞离，卵散产于叶正面，在适宜的温湿度环境中即可孵化成幼虫。第 1 代幼虫发生于 5—6 月，幼虫栖息在叶片主脉上，白天静伏不动，夜间活动取食，受触动时从前胸伸出臭角（丫腺），渗出臭液，借以拒敌。卵期约 7 d，幼虫期约 35 d，蛹期约 15 d。4 月中下旬越冬蛹羽化；6 月见到 2 代成虫；7 月下旬 3 代成虫羽化；8 月上旬 4 代成虫产卵；9 月下旬幼虫老熟离寄主，寻适宜枝干蜕皮化蛹越冬；其越冬蛹为灰褐色，春夏季节的蛹为绿色。凤蝶成虫白天活动，喜欢访花吸蜜，少数有吸水活动。

3. 防治方法

（1）对虫体较大或者零星分布的进行人工捕杀，集中处理。

（2）作物采收后，及时清除田间杂草及周围寄主，以减少越冬虫源。

（3）在幼虫幼龄期喷 90% 敌百虫 800 倍液，5~7 d 喷 1 次，连喷 1~2 次。

四、采收初加工技术

移栽后 4~6 年春秋两季采收，从床畦一头距白鲜根部 25~30 cm

处由外向里将白鲜根全部挖出，清除根部的泥土。

将挖出的白鲜根摊放在阳光下进行晾晒，晾晒至半干时，去掉须根和粗皮，纵向剖开抽木心，晒干（图 1-7）。

图 1-7　白鲜初加工

本章参考文献

[1] 中国科学院中国植物志编辑委员会.中国植物志:第四十三卷　第二分册[M].北京:科学出版社，2016.

[2] 梁郭智,孙淑英.白鲜研究进展[J].时珍国医国药,2020,31(2):408-411.

[3] 国家药典委员会.中华人民共和国药典:2020 年版　一部[M].北京:中国医药科技出版社,2020.

[4] 刘雷,郭丽娜,于春磊,等.白鲜皮化学成分及药理活性研究进展[J].中成药,2016,38(12):2657-2665.

[5] 周如军,傅俊范.药用植物病害原色图鉴[M].北京:中国农业出版社,2016.

[6] 欧阳慧,周如军,傅俊范,等.白鲜灰斑病的危害症状及病原生物学特性研究[J].沈阳农业大学学报,2015,46(4):410-416.

[7] 丁万隆.药用植物病虫害防治彩色图谱[M].北京:中国农业出版社,2002.

[8] 沈宝宇,孙文松,张天静,等.白鲜根腐病病原菌分离与鉴定[J].分子植物育种,2024,22(7):2265-2270.

[9] 何运转,谢晓亮,刘延辉,等.中草药主要病虫害原色图谱[M].北京:中国医药科技出版社,2019.

[10] 沈宝宇,孙文松,宋国柱,等.辽宁道地药材白鲜主要病虫害发生规律及防治技术[J].辽宁农业科学,2022(4):90-92.

[11] 智慧,周如军,郝宁,等.辽宁省药用植物白鲜病害种类调查及病原鉴定[J].植物保护,2022,48(4):293-301.

第二章　北苍术

北苍术［*Atractylodes chinensis*（DC.）Koidz.］为菊科宿根性多年生草本植物（图 2-1），东北人统称枪头菜、山刺叶等，是我国东北传统的道地中药材，具有悠久的中医临床应用历史。其根茎平卧或斜升，粗长或通常呈疙瘩状，生多数等粗等长或近等长的不定根。叶基部叶花期脱落；中下部茎叶长 8~12 cm，宽 5~8 cm，3~5（7~9）羽状深裂或半裂，基部楔形或宽楔形，几乎无柄，扩大半抱茎，或基部渐狭成长达 3. 5 cm 的叶

图 2-1　北苍术植株

柄；顶裂片呈不等形或近等形、圆形、倒卵形、偏斜卵形、卵形或椭圆形，宽 1. 5~4. 5 cm；侧裂片 1~2（3~4）对，椭圆形、长椭圆形或倒卵状长椭圆形，宽 0. 5~2. 0 cm；有时中下部茎叶不分裂；中部以上或仅上部茎叶不分裂，呈倒长卵形、倒卵状长椭圆形或长椭圆形，有时基部或近基部有 1~2 对三角形刺齿或刺齿状浅裂；或全部茎叶不裂，中部茎叶呈倒卵形、长倒卵形、倒披。花冠毛刚毛褐色或污白色，长 7~8 mm，羽毛状，基部连合成环。

瘦果呈倒卵圆形，密被白色长直毛；冠毛刚毛褐色或污白色。

北苍术自然产于黑龙江、吉林、辽宁、内蒙古、河南、山东、山西、陕西等地区。北苍术以根茎入药，系中医广谱性药材，具有燥湿健脾、祛风湿的功效。现代医学研究结果表明，北苍术还具有抗菌、抗肿瘤、抗骨质疏松和免疫调节活性等方面的药理活性，在新药研究开发方面很有前景。北苍术是多种著名中成药的重要组成部分，更是防治非典、甲流等重大疫情用药的关键组分，因此，其需求量日益增加，并呈现出稳中趋升的行情。北苍术还具有极高的食用价值，是东北地区一种传统的山野菜。其春季萌发的嫩芽，清香鲜嫩，营养丰富，有多种食用方法，颇受人们喜爱。北苍术还可作为牲畜饲料、兽药的生产原料。

一、产业现状

2017 年以前，北苍术用量绝大部分是野生品种，随着野生资源越来越少，家种苍术还处于不能满足需求的阶段，导致苍术的价格一路高升。目前，苍术行情波动不明显，价格依然坚挺运行，半撞皮货售价 150 ~ 160 元/kg，撞皮的光苍术售价 180 ~ 190 元/kg。近几年，不仅野生资源减少，而且市场需求量也比前几年增加不少，导致北苍术价格大幅上涨。据了解，以北苍术为原料的中成药生产量不断扩大，加之北苍术在动物饲料和兽药中也得到广泛应用，使得北苍术的需求量不断增加，这也是北苍术价格不断上涨的因素之一。

随着市场需求量增加，辽宁省北苍术种植面积逐步扩大。辽宁的朝阳、辽阳、鞍山、本溪、抚顺、丹东、铁岭、阜新等地 2015 年以后的北苍术种植面积逐步增加。目前，辽宁省北苍术种植面积约为 1200 hm^2，年产量约 1850 t（干品）。

辽宁省北苍术种苗多靠承德、赤峰等外地道地药材产区供应，少量来自省内中药材种植合作社育苗。北苍术种源混乱，北苍术、关苍术混在一起无法区分，没有大型种苗繁育公司提供质量可靠的种子种苗。

在种植过程中，种肥水使用过量及过度使用农药是北苍术生产过程中的普遍现象。北苍术人工种植历史较短，田间管理方式多按照大田作物管理方式进行，肥料、除草剂使用过量导致作物品质降低及病害发生严重。目前急需在辽宁省范围内推广应用北苍术生态种植技术。

二、生态种植技术

（一）选地整地

北苍术生产，可选用果树行间空地、林间空地、林缘耕地、参后地等，以疏松肥沃、地下水位低、排水良好的砂质壤土为好。易旱地、黏重土壤、重茬、低洼地块不宜选用。选地北苍术种植极为重要，旱涝保收、适合机械耕作，是其高产稳产的基础。

旋耕前每亩施入腐熟的农家肥或堆肥 2000~2500 kg。旋耕做床要选用旋耕机械一次性完成。苗床宽 1.2 m，高 0.15 m。播种一般可采用条播和撒播两种方法。

（二）育苗技术

1. 育苗季节

东北地区北苍术育苗最佳时期为 4 月初至 5 月中旬。具体应结合本地气温回升情况、土壤墒情和灌溉条件适时播种。

2. 苗地选择

苗地宜选择土壤较肥沃、土质疏松、排水性良好、背风向阳的砂质壤土地块。切忌选址排水不良的涝洼地和黏重土壤，也不宜选重茬地。

3. 种子选择与处理

种子成熟饱满、色彩鲜明、没有病虫侵害，是保证苗全苗壮的基础。播种前需要将种子先用温水浸泡 2 h，再使用 5%硫酸铜溶液或 2%次氯酸钠溶液处理种子，提升种子发芽率与出苗率，等到种子刚刚萌动，便可以播种，播种时间不宜过晚。图 2–2 所示为北苍术种子。

图 2–2　北苍术种子

4. 播种与苗床管理

采用条播，播幅宽 10 cm，行距 20 cm，沟深 3 ~ 5 cm，撒种后覆土 1 ~ 2 cm，滚压。也可采用撒播，将种子均匀撒于畦面后，用细土覆盖 1 cm 左右，滚压。每亩用种量 4 ~ 5 kg，掺和一定量沙土均匀混播，在最上层覆上遮蔽物（如稻草、松针），用于苗期床面保湿。

出苗前后均需保持畦面湿润，干旱时适当喷水，直到秋季自然枯萎。出苗后，适时撤除原来覆盖的稻草。苗高 3 cm 以上开始间苗，10 cm 左右定苗（图 2–3），苗距 3 ~ 5 cm。适时进行阶段性人工除草，保障种苗茁壮成长。随时观察病虫害情况，一旦发现，及时防控，保障种苗正常生长。如果当年移栽，需适时起苗，立即移栽。如果第 2 年春季移栽，可自然越冬。如果种苗太小，可以在原地生长 1 年，第 2 年移栽大苗。

图 2-3　北苍术苗定植间距

（三）移栽

移栽可在当年 10 月下旬，北苍术地上部分自然枯萎后进行，也可在第 2 年 4 月上旬种苗萌动前进行。种苗只有边起边栽，才能保证成活率。栽植前将种苗按照大小分级分类，便于栽后管理和植株整齐。移栽时，株行距为 20~30 cm，栽植穴深 10~15 cm，每穴放 1~2 个苗栽。栽植时不要窝根，栽后踩实。若秋季栽培，可适当增加覆土厚度，这样有利于安全越冬保苗。

（四）田间管理

1. 中耕除草

待小苗出土后，应结合间苗或定苗及时对育苗床进行中耕除草，尽量选择在阴天进行，保持田间无杂草，地表不板结。北苍术移栽后要及时中耕除草，先深后浅，不伤及根部。待植株长到 40 cm 时，进行中耕，中耕可以略深些，以保持土壤的通透性。以后根据田间长势适时除草，每年需中耕除草 3~4 次。中耕时应注意培土施肥，防止植株地上部分倒伏，保证翌年植株正常出苗。

2. 灌溉与排水

北苍术种植过程中忌积水，整地阶段要挖好排水沟，做好雨季排涝准备，防止烂根死苗。同时要根据植株生长情况控制水量，一年生北苍术苗前保持土壤湿润，以促进出苗；苗期灌好保苗水，加快幼苗生长。早春土壤解冻时，应及时浇水保苗，一般采用喷灌方式浇水。移栽地在植株返青后浇缓苗水，遇严重干旱应及时浇水，保持土壤湿润，保障植株的正常生长水分需求。

3. 施肥

北苍术育苗种植在播种前施足底肥，第 1 年不追肥，第 2 年开始追肥，视实际情况而定。一般追肥 3 次，结合中耕培土，防止植株倒伏。追肥应选用优质有机肥。在春夏季幼苗期间，每亩可施入腐熟的农家肥 1000 kg 左右；6—7 月，结合降雨每亩施入有机肥 2000~3000 kg；10 月可采用沟施的方式施入有机肥，每亩施入 2000~3000 kg，随后浇水覆土，保持土壤湿度，促进幼苗生长。

4. 摘除花蕾

摘除花蕾是提高北苍术根茎产量和种子质量的一项重要措施。以采收块根为主的非留种地块，生长过程中开花结果会消耗植株养分。为减少养分损耗，集中养分供根部生长，移栽后第 2 年开始，每年应在 7—8 月花期（图 2-4）选择晴天及时将花蕾摘除。对于用作留种地块，也应进行选择性摘除，采用“留大除小”“去下留上”原则留花，即适当保留上部较大的花蕾，余下部分分支及小的花蕾应及时摘除，这样可以增加种子粒重，保证保留的种子籽粒大而饱满。

5. 越冬管理

育苗地在 11 月上冻前浇水，浇水前把所有草全部打掉，用从山坡上收集的松针土进行覆盖，保苗越冬。移栽于山坡地的北

图 2-4　北苍术摘花时期

苍术，在上冻前待地上部分干枯后，应及时割除，同时用打草机将周围所有杂草割除。当年的树木落叶形成落叶覆盖层后，浇越冬水。落叶覆盖层不仅可以对土壤起到保温保湿作用，还可以改良土壤、增强肥力，防止水土流失，使北苍术翌年茂盛生长。

三、病虫害防治技术

（一）叶斑病

1. 症状

北苍术叶斑病是由菊异茎点霉菌（*Paraphoma chrysanthemicola*）侵染北苍术叶片引起的，在整个生长发育期均可发生，病害主要发生于底层老龄叶片，后期蔓延至植株上端，也可侵染茎秆。北苍术叶斑病发病初期（图 2-5），病斑为黑褐色近椭圆形点状圆斑，直径 2～3 mm，偶有灰白色中心。随着病情发展，病斑逐渐扩大融合，形成中心灰白色、外缘黑褐色的病斑，病健交

图 2-5　北苍术叶斑病初期症状

界处有黄色晕圈。后期病斑上产生肉眼可见的黑色点状分生孢子器，埋生或半埋生于叶片表皮层下部。发病严重时导致叶片黄化，早衰脱落，植株开花期稍延迟。田间发病存在多个中心，田间发病多分散，存在多个病害中心，降雨后，病害程度明显加重。

2. 发生规律

辽宁地区 7 月下旬至 8 月下旬为北苍术叶斑病发病高峰期；9 月中旬，昼夜温差加大并伴随降雨，导致病情指数骤升。

3. 防治方法

（1）农业防治。北苍术栽培适宜选择丘陵山区，半阴半阳大山坡或荒山上；忌高温强光、阳光照射的平地和低洼积水地，以及黏性土壤和排水不畅的地块。

加强栽培管理，合理密植，增强田间通风透光。雨后及时排水，降低田间和土壤湿度；合理调整采收期，使叶片大量生长时期与雨季错开，从而减轻病菌感染，推迟发病时期。秋季收获后彻底清洁田园，将病残体及枯枝落叶集中深埋或烧毁，保持田间干净、无杂草，减少越冬菌源基数。

（2）生物防治。播种前用菌线克等无毒生物种衣剂浸泡，捞出晾干后种植可有效降低病害发生率。

（二）黑斑病

1. 症状

黑斑病受害初期，茎基部的叶片开始发病，逐步向上部叶片扩展。病斑为圆形或不规则形，多从叶片边缘及叶尖部发生，扩展较快。有病斑部位在叶片正反面均可产生黑色霉层。为害后期，病斑呈灰褐色，连成片致叶片枯萎脱落，仅剩植株茎秆存在。

2. 发生规律

北苍术黑斑病在辽宁等地于 7 月中旬开始发病，7 月下旬至 8 月下旬相对湿度约 90% 时，发病到高峰期。发病严重的地块，植株叶片全部枯死脱落，发病率几近 100%。9 月下旬温度降低，病害发展缓慢。

3. 防治方法

（1）农业防治。北苍术栽培适宜选择丘陵山区，半阴半阳的山坡或荒山上；忌高温强光。

园区内长期保持少杂草，清除后的杂草应采取相应的技术集中清理，减少病原菌越冬的数量。

（2）生物防治。作畦时，可用三元消毒粉（配方：草木灰：石灰：硫磺粉为 50：50：2）按照 7500 g/m^2 的用量进行土壤消毒；作畦过程中，在土壤中加入哈氏木霉菌、盾壳木霉菌等生防菌可提高北苍术抗病能力，减少病害发生。

四、采收初加工技术

北苍术播种后第 4 年采收，移栽 3 年可采收，采收前需检测苍术素含量是否达到药典要求，达标可采收。采收既可在 10 月进行，亦可在次年 4 月前进行。机械采收可降低采收成本。采挖后抖净泥土，去除残茎，晒至半干时撞掉须根；晒至六七成干时，滚撞第 2 次除须去皮，直至大部分老皮撞掉；晒至全干时再滚撞第 3 次，至表皮呈黄褐色为止。

本章参考文献

[1] 国家药典委员会.中华人民共和国药典:2020 年版　一部[M].北京:中国医药科技出版社,2020.

[2] 孙宇章.药用植物苍术、银杏的资源遥感监测研究[D].北京:中国中医科学院,2008.

[3] 殷俊芳,黄宝康,吴锦忠.苍术属药用植物的药理作用研究进展[J].药学实践杂志,2008(4):252-254.

[4] 石书江,秦臻,孔松芝,等.苍术抗流感病毒有效成分的筛选[J].时珍国医国药,2012,23(3):565-566.

[5] 温健,孙文松,张利超.不同消毒剂对北苍术种子萌发特性及生长的影响[J].园艺与种苗,2022,42(2):30-32.

[6] 向珊珊,李金柱,晏绍良,等.大别山区低山丘陵板栗林药套种对小气候和土壤性质的影响[J].中南林业科技大学学报,2018,38(3):82-87.

[7] 顾永华,冯煦,夏冰.水分胁迫对茅苍术根茎生长及挥发油含量的影响[J].植物资源与环境学报,2008,17(3):23-27.

[8] 胡宇.北苍术栽培技术要点[J].辽宁林业科技,2022(2):74-75.

[9] 关云霄,吴淑平,王欣珍,等.信阳市中药材茅苍术高效栽培技术简介[J].南方农业,2023,17(1):57-60.

[10] 魏红.关苍术病虫害综合防治技术[J].现代农村科技,2018(6):22.

[11] 赵明.北苍术生产栽培关键技术要点[J].特种经济动植物，2020,23(9):38-39.

[12] 李超楠,李洪涛,李运朝,等.北苍术根腐病病原菌分离鉴定及其生防菌筛选[J].农业环境科学学报,2022,41(12):2824-2830.

第三章　赤芍

赤芍为毛茛科植物芍药（*Paeonia lactiflora* Pall.）或川赤芍（*Paeonia veitchii* Lynch.）的干燥根，其味苦，微寒，归肝经，有清热凉血、活血祛瘀、止痛的功效，主要用于治疗温毒发斑、吐血衄血、目赤肿痛、经闭痛经、肝郁胁痛等症。研究发现，赤芍根部的有效化学成分为苷类化合物，主要为氧化芍药苷与苯甲酰芍药苷，另可测得异芍药苷、4-O-没食子酸芍药内酯苷和4′-O-苯甲酰芍药苷；赤芍花中主要成分为黄芪苷、没食子鞣质类、山奈酚类、除虫菊酯类，以及廿五烷、13-甲基十四烷酸类物质；赤芍果实内含有部分 paeonianins A~E 物质。近年来，诸多临床报道证实，赤芍具有保肝、抗肿瘤、抗血栓、抗溃疡、保护心血管系统等多种显著的药理作用，还有较高的观赏和食用价值。

毛茛科芍药属多年生草本植物，以根入药。根粗壮，分枝黑褐色（图3-1）。茎高40~70 cm，无毛。下部茎生叶为二回三出复叶，上部茎生叶为三出复叶；小叶呈狭卵形、椭圆形或披针形，顶端渐尖，基部呈楔形或偏斜，边缘具白色骨质细齿，两面无毛，背面沿叶脉疏生短柔毛。花数朵，生茎顶和叶腋，有时仅顶端一朵开放，而近顶端叶腋处有发育不好的花芽，直径8.0~11.5 cm；苞片4~5片，披针形，大小不等；萼片4片，宽卵形或近圆形，长1.0~1.5 cm，宽1.0~1.7 cm；花瓣9~13片，倒卵形，长3.5~6.0 cm，宽1.5~4.5 cm，白色，有时基部具深紫色斑块；花丝长0.7~1.2 cm，黄色；花盘浅杯状，包裹心皮基部，顶端裂片钝圆。蓇葖长 2.5~3.0 cm，直径 1.2~1.5 cm，顶端具喙。花期 5—6 月（图 3-2，图 3-3）；果期 8 月（图 3-4）。

图 3-1　赤芍根茎

图 3-2　赤芍花期（粉色花朵）

图 3-3　赤芍花期（白色花朵）

图 3-4　赤芍果期

赤芍产地分布于我国东北、华北、陕西及甘肃南部。在东北分布于海拔 480~700 m 的山坡草地及林下，在其他地区分布于海拔 1000~2300 m 的山坡草地；在朝鲜、日本、蒙古及俄罗斯西伯利亚地区也有分布。在我国四川、贵州、安徽、山东、浙江等省及各城市公园都有栽培赤芍。栽培赤芍花瓣各色（图 3-5）。

图 3-5 栽培赤芍

一、产业现状

东北地区为赤芍药材的主要产区，包括东北三省及河北、内蒙古等地，其中内蒙古多伦县为赤芍的道地产区。赤芍是天然的绿色药材，也是自古以来药材市场中大家所熟知的品牌，受到国内外中医、中药市场的广泛推崇。尤其近十几年来，随着赤芍出口量增加、国内中医药产业的推进，赤芍的供销价格有了大幅度提升。但赤芍来源于野生品种芍药，无节制的采挖导致赤芍资源日趋枯竭，产量也大幅下降。总产量由 20 世纪 90 年代的 1.6 万~1.7 万 t 降至 1.3 万~1.4 万 t。其中，吉林省约为 2000 t，辽宁省约为 1800 t，黑龙江省约为 2000 t。由此可见，赤芍产量以每年 10%的速率递减。目前，赤芍在辽宁省分布广泛，在清原、沈阳、西丰、本溪等地均有大面积种植。

二、生态种植技术

（一）选地整地

在入冬前，结合整地、作畦施入基肥，耕深 30~40 cm，根据土壤肥力情况施适量腐熟的农家肥，将粪肥翻入土中拌匀、搂平、整细，作畦。畦宽 1.2 m，畦长视地形而定，一般长 10~15 m、高 20 cm、作业道宽 40 cm。整地时，若土壤较为湿润，可直接作畦播种；若墒情较差，应充分灌水，然后作畦播种。

以土层厚、疏松且排水良好的砂质壤土和中性或微酸性土壤为宜，土壤含氮量不宜过高。

（二）育苗技术

1. 种子繁殖

赤芍播种前需要催芽处理，一般在 8 月下旬至 9 月下旬。赤芍种子（图 3-6）在 4 ℃温度下常规层积 3 个月后，再经过 20 ℃沙藏层积 20 d，取出后再播种，可以提高发芽率。在畦面上开沟，沟深 5~6 cm，将种子均匀撒入沟中，覆土 4~5 cm，稍镇压，每亩播种量 0.75 kg。

图 3-6　赤芍种子

播种后，于第 2 年 4—5 月开始出苗（图 3-7），培育 2 年后可按照一定株行距留苗，其余苗起出，作种苗移栽至别处。

图 3-7　赤芍种子育苗

2. 芽头繁殖

赤芍达到可采摘的标准下，可把根部从芽头（图 3-8）的着生处全部割下，加工作药用。选择形状粗大、不空心和无病虫的芽头，按其大小和芽的多少，顺其自然生长情况切成数块，每块有粗壮的芽块 2~3 个，作栽种用。一般情况下，3~4 亩的赤芍种植只需 1 亩的赤芍芽。

图 3-8　赤芍芽头

3. 分株繁殖

分株繁殖是赤芍生产过程中最常使用的一种方式。这种方式是将生长3~5年的赤芍根芽从自然连接处切开，为了避免出现切开部分腐烂的情况，可以在刀口地方涂抹少许木炭粉。赤芍生长到一定期限时必须进行分株繁殖，否则过度生长便会出现腐烂的情况。通常情况下，在对3~5年的母株进行分株繁殖过程中，可以生长出3~10簇新植株，可以将新植株进一步种植。同时，相关分株繁殖的经验显示，秋季最适合进行赤芍分株工作，成活率非常高。

（三）移栽

8月上旬至9月下旬适时栽种种芽。栽种过迟，气温渐降易导致发根慢，影响产量。首先将种子按照大小分级，分别栽种，按照行距60 cm、株距40 cm、穴深12 cm的规格挖穴，然后每穴栽入芍芽1个或2个，芽头向上，最后盖土至稍高于畦面，使其呈馒头状小丘，利于越冬。

（四）田间管理

1. 中耕除草

中耕能疏松土壤，增加土地通透性。早春中耕既保墒又提高地温。雨季松土能加快水分蒸发，减少土壤湿度，利于根生长。中耕一般在芽头出土后进行，浅耕3~5 cm，切忌株旁松土，以免损伤芽头和幼根，影响生长。以后定时松土，及时除草，保持土壤疏松无杂草即可。

2. 灌溉与排水

沟施，干旱季节施后需灌溉浇水。多雨季节还要及时排水，以防烂根。灌溉水质量应符合《农田灌溉水质标准》（GB 5084—2021）的要求。

3. 施肥

栽后第 2 年追肥 4 次：第 1 次在 3 月，结合中耕除草，每亩追施腐熟人畜粪水 1200~1500 kg；第 2 次、第 3 次分别于 5 月、7 月生长旺盛期，每亩追施腐熟人畜粪水 1500~2000 kg，加饼肥 20 kg；第 4 次在 11 月，每亩追施腐熟人畜粪水 2000 kg。栽后第 3 年追肥 3 次：第 1 次于春季齐苗后，每亩追施腐熟人畜粪水 1500 kg，加过磷酸钙 25 kg；第 2 次在 9 月，每亩追施腐熟人畜粪水 1500 kg，加饼肥 25 kg；第 3 次在 11 月，每 6 亩追施腐熟人畜粪水 2000 kg，加过磷酸钙 30 kg。栽后第 4 年于春季齐苗后，每亩追施腐熟人畜粪水 2000 kg。

4. 花期管理

对于观赏赤芍，除茎顶生出蕾外，茎上部叶腋处还会长出多个侧蕾。假设留有侧蕾，花朵盛开（图 3-9）较为拥簇，观赏时间较久；假设对侧蕾开展摘取工作，会使花朵根部养分输送集中，进一步提高主蕾的营养供送，使其生长观赏性更高。疏蕾开展 3 次，先去除一半花蕾；大约在 3 d 以后开展第 2 次疏蕾工作，余下一只备蕾及一只主蕾；当主蕾发育成熟时，开展第 3 次疏蕾工作，花蕾较大的状况下需要对主秆开展支撑工作。

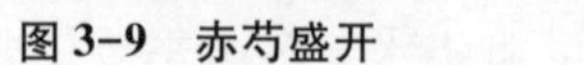

图 3-9　赤芍盛开　　图 3-10　赤芍留种

对于药用赤芍，现蕾时，选晴天将花蕾全部摘除，以利根部生长。

对于留种（图 3-10）的植株，可适当去除部分花蕾，使种子充实饱满。

5. 修根

修根是提高芍药质量的有效措施，将赤芍主根 2/3 的泥土扒掉，用小刀割去主根上所有侧根及芽头下的细根，然后培土。

三、病虫害防治技术

（一）褐斑病

1. 症状

赤芍褐斑病（图 3-11）又称赤芍红斑病、轮斑病，是赤芍栽培中最常见的重要病害。该病使芍药叶片早枯，连年发生削弱植株的生长势，导致植株矮小、花少而小，以致全株枯死。早春叶片展开即可受到侵染，叶背出现针尖大小的凹陷斑点，逐渐扩大呈近圆形或不规则形的病斑，直径 5~24 mm，叶边缘的病斑多为半圆形。叶片正面病斑上有淡褐色的轮纹，不太明显。病斑相互连接成片，使整个叶片皱缩、枯焦，叶片常破碎。叶柄基部或枝干分叉处发病呈黑褐色的溃疡斑，病部容易折断。

图 3-11　赤芍褐斑病症状

2. 发生规律

赤芍褐斑病由枝孢霉菌引起，病原菌主要以菌丝体在病叶、病枝条、果壳等残体上越冬。翌年春季产生分生孢子，经气流和雨水传播到刚萌发的新叶上，当温度达 20 ℃以上时，孢子开始萌发，引起初次侵染。一般下部叶片最先感病，感病叶片初期在叶背出现绿色针头状小点，后扩展成直径 3～15 mm 紫褐色近圆形的小斑，边缘不明显。叶片正面病斑上有不明显淡褐色轮纹，病斑相连成片，严重时整叶焦枯，叶片常破碎。病斑在叶缘时，可致叶片扭曲。在潮湿气候条件下，病部背面会出现墨绿色霉层，当病害侵染茎时，在茎上出现紫褐色长圆形小点，有些突起，病斑扩展慢，中间开裂并下陷，严重时也可相连成片。

3. 防治方法

（1）冬季彻底清除病残体。

（2）加强栽培管理，注意栽植密度，增强田间通风量、透光度。

（3）增施有机肥，提高土壤的保水保肥能力，增强植株的抗病性，促进植株健壮生长。

（二）叶霉病

1. 症状

赤芍叶霉病（图 3-12）的发病期可从 6 月初持续到 9 月中旬，发病盛期为 8 月中下旬。病害主要侵染叶片，可以严重破坏其组织，也可以为害叶柄、茎秆、花和果实等部位。在 6 月中旬开始发病，赤芍叶片表面出现黄棕色的小斑点，有时叶片的病斑部位会凹陷，随着病斑的扩展，病斑处坏死，并出现大小 1.5～2.9 cm 的孔洞，病斑可以逐渐蔓延至整片叶片，叶背面呈黑褐色，叶正面为浅褐色。倘若当年的降雨量大，叶斑处有褐色霉层，则是叶霉病病菌的分生孢子梗和分生孢子。在 8 月中旬，由于温度较高，病害发生严重，田间整片赤芍会全部枯死。

图 3-12　赤芍叶霉病症状

2. 发生规律

叶片发病初期，叶面出现椭圆形或不规则形淡黄色褪绿病斑，叶背面初生白霉层，而后白霉层变为灰褐色至黑褐色绒毛状，是叶霉病病菌的分生孢子梗和分生孢子。条件适宜时，病斑正面也可长出黑霉，随着病情扩展，病斑多从下部叶片开始逐渐向上蔓延，严重时可引起全叶干枯卷曲，植株呈黄褐色干枯状。

3. 防治方法

（1）加强通风、透光，并适当增施磷、钾肥，提高植株抗病能力。

（2）搞好田园卫生。植物生长期及时剪除发病株枝叶与花朵，秋后剪除并及时清理枯枝、落叶、败花及杂草等。

（3）加强水肥管理。合理施肥，避免过多施用氮肥，适当增施磷钾肥，有机肥要充分腐熟。

（4）选择砂质壤土栽培，适量浇水，避免渍水，防止烂根。

（5）选育无病壮苗。选择生长健壮、无病的母株作分株繁殖植物。

（6）合理密植。植株需合理密植，加强修剪，改善通风透光，降低田间湿度，从而减少发病率。

（三）炭疽病

1. 症状

赤芍炭疽病主要侵染叶片和茎秆部位，病斑在叶片上呈不规则椭圆形、近圆形或不规则形。病害为害赤芍叶片时，其褐色或黄褐色病斑相连成片，发病初期病斑中心呈黄褐色，边缘呈深褐色，后期具有红褐色边缘，中央呈深褐色，病斑表面会出现黑色小颗粒，为炭疽病菌的分生孢子盘。8 月初为害极为严重，该病害沿叶脉两侧发病严重，褐色病斑面积逐渐扩大。

2. 发生规律

炭疽病由炭疽病菌引起，以菌丝体在病叶或病茎上越冬，翌年分生孢子盘产生分生孢子，借风雨传播，从伤口侵入为害。叶部病斑初为长圆形，后略呈下陷，数日后扩大成黑褐色不规则的大型病斑。天气潮湿时，病斑表面出现粉红色发黏的孢子堆，为病菌分生孢子和胶质的混合物。严重时病叶下垂，茎上的病斑与叶上产生的相似，严重时会引起折倒，7—8 月发病重。

3. 防治方法

病害流行期及时摘除发病组织，秋冬季节彻底清除病残体，并集中烧毁，减少病菌数量及来源，防止再次侵染。

（四）白粉病

1. 症状

赤芍白粉病（图 3-13）发病初期叶片两面均可产生近圆形的白色小粉斑，后逐渐扩大可连片呈边缘不明显的白粉斑，甚至布满整叶。后期叶片两面及叶柄、茎秆都可受害，产生有污白色霉斑，并散生黑色小粒点，为病原菌有性世代的闭囊壳。

图 3-13　赤芍白粉病症状

2. 发生规律

白粉病病菌主要以菌丝体在田间病株或以闭囊壳在病残体上越冬。初侵染产生的分生孢子通过气流传播，可频繁再侵染。一般 6 月初、气温 20 ℃以上为初发期，随着气温的升高，7—8 月为盛发期。液态水存在不易于发病，但土壤缺水或灌水过量、氮肥过多、枝叶生长过密、通风透光不良等易于发病。

3. 防治方法

（1）深耕细作，及时焚毁病株残体，以减少田间病菌来源。

（2）秋末及时将植株地上部分剪除并清理烧毁，花后及时疏枝，剪除残花，发病较轻时及时摘除病叶并烧毁，保持卫生。

（3）合理密植，创造良好的通风透光条件。

（4）避免连作，加强肥水管理。

（五）根腐病

1. 症状

赤芍根腐病（图 3-14）主要为害根部，尤其是为害老根严重。该病害侵染初期，在植株的根部皮上会产生黑色伤口或斑点，病斑逐渐扩展，赤芍根部被病原菌侵染后会慢慢变成暗黑色，最后甚至导致整株植物腐烂直至枯死。根腐病病原菌侵染赤芍的根部组织，造成植株的根部腐烂，因为地上部分的营养成分对植株生长过程供应不足，赤芍整株的长势逐渐变弱，为害严重时，主根呈黑褐色，并易开裂。当生长湿度比较大时，发病组织部位会出现霉状物，这种霉状物是根腐病菌的菌丝，可以产生大量的分生孢子。病害一旦发生，通过土壤传播速度极快，最终导致赤芍成片枯萎死亡。

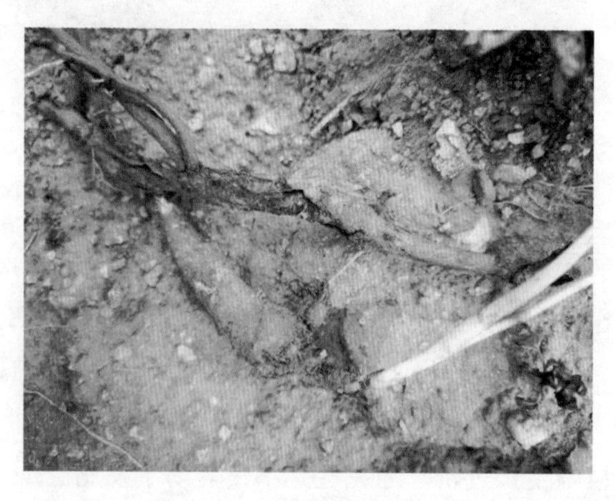

图 3-14　赤芍根腐病症状

2. 发生规律

根腐病由真菌引起，由种苗带菌或者土壤内含菌传染，雨后积水容易发病。发病后，须根染病变黑腐烂，并向主根扩展，主根先在根皮上产生不规则形黑斑，且不断扩展，导致全部根发黑腐烂。病株生长衰弱，叶小发黄，植株萎蔫直至枯死。

3. 防治方法

（1）雨后及时排水，降低田间湿度。增强田间的通风、透光度。

（2）加强栽培管理，确保枝叶健壮及根系发育。

四、采收初加工技术

关于芍药的采收，各本草著作记载的采收时间较为统一。《名医别录》中有“二月、八月采根，暴干”的记载。农历的二月是春季、八月是秋季，“暴干”即自然晒干，可防止药材的霉变，便于储藏。《本草图经》中有“秋时采根”的记载。《本草品汇精要》中白芍和赤芍项下都有“二月、八月取根”“暴干”的记载。基于芍药的不同采收期，对药材化学成分进行比较的现代研究亦表明，9—10 月为适宜采收期，此时芍药的主要成分和淀粉等积累较多。

对于赤芍，应选择在晴天，先将地上茎叶割去，挖出根部。将根茎部分带芽切下，再分成小块作为栽植用的种栽，放入室内产地加工。

赤芍根挖出后，应尽快洗去根及根茎上附着的泥土等杂质，切下芍根进一步加工。杂质可采用不锈钢网筐人工流水冲洗方法或高压水枪清洗方法，并人工挑除夹杂于其中的枯枝，剔除破损、虫害、腐烂变质的部分。去掉根茎及须根等杂质后，切去头尾，修平。修剪好的芍根要理直弯曲，进行晾晒或烘至半干，按照大小捆成小把，以免干后弯曲。之后晒或烘至足干，储于通风干燥阴凉处，防虫蛀霉变即可。

本章参考文献

[1] 国家药典委员会.中华人民共和国药典:2020 年版 一部[M].北京:中国医药科技出版社,2020.

[2] 何运转,谢晓亮,刘廷辉,等.中草药主要病虫害原色图谱[M].北京:中国医药科技出版社,2019.

[3] 周如军,傅俊范.药用植物病害原色图鉴[M].北京:中国农业出版社,2016.

[4] 张广明,刘廷辉,胡丽杰,等.赤芍栽培技术及病虫害防治[J].现代农村科技,2017(10):17-19.

[5] 陶弘景.名医别录[M].尚志钧,辑校.北京:人民卫生出版社,1986.

[6] 苏颂.本草图经[M].尚志钧,辑校.合肥:安徽科学技术出版社,1988.

[7] 刘文泰,等.本草品汇精要:校注研究本[M].曹晖,校注.北京:华夏出版社,2004.

第四章　刺五加

刺五加［*Eleutherococcus senticosus*（Ruprecht & Maximowicz）Maximowicz］为五加科五加属植物，俗称五加参、刺拐棒、老虎镣、一百针。刺五加的干燥根和根茎或茎入药。刺五加的药用历史十分悠久，在历代本草著作中均有记载。《名医别录》中指出，刺五加以“五叶者良”，具有“补中、益精、坚筋骨、强志意”的功效。《本草纲目》中载明，具有“补中益气，坚筋骨，强意志，久服轻身耐老”的功效。刺五加味辛、微苦，性温，归脾、肾、心经，主要用于脾肺气虚、体虚乏力、食欲不振、肺肾两虚、久咳虚喘、肾虚腰膝酸痛、心脾不足、失眠多梦等症状的治疗。现代研究表明，刺五加主要含有刺五加苷类、黄酮类、木脂素类、多糖类等化学成分。现行《中华人民共和国药典》将紫丁香苷作为含量测定成分，要求干燥品中含紫丁香苷（$C_{17}H_{24}O_9$）不得少于0.050%。

刺五加根茎呈结节状不规则圆柱形，直径1.4～4.2 cm。刺五加根呈圆柱形，多扭曲，长3.5～12.0 cm，直径0.3～1.5 cm；表面灰褐色或黑褐色，有细纵沟和皱纹，有特异香气。刺五加茎呈长圆柱形，多分枝，长短不一，直径0.5～2.0 cm；表面浅灰色，老枝灰褐色，具纵裂沟，无刺；幼枝黄褐色，密生细刺。刺五加为灌木，高1～6 m，分枝多，一年生和二年生的通常密生刺，刺直而细长，针状，下向。叶常有小叶5片，少有3片；叶柄常疏生细刺，长3～10 cm；小叶片纸质，呈椭圆状倒卵形或长圆形，长5~13 cm，宽3~7 cm，先端渐尖，基部阔楔形，上面粗糙，深绿色，脉上有粗毛，下面淡绿色，脉下有短柔毛，边缘有锐利重锯齿；小叶柄长0.5~2.5 cm，有棕色短柔毛。伞形花序单个顶生，或2~6个组成稀疏的圆锥花序，直径2~4 cm，有花多数；总花梗长5~7 cm，无毛；花紫黄色；萼无毛；花瓣5片，卵形，雄蕊5枚；子房5室，花柱全部合生成柱状。果实球形或卵球形，有5棱，黑色。花期6—7月，果期8—10月。产于黑龙江、吉林、辽宁、河北和山西等地，生于森林或灌丛中，海拔600~2000 m。刺五加植株如图4-1所示。

图4-1　刺五加植株图

一、产业现状

刺五加为东北地区重要道地药材，有多种生物活性，不仅具有丰富的药用价值，而且应用于保健品、功能性食品、饮品等多个领域，应用范围广泛，市场前景广阔。全国野生与人工种植的刺五加产量达3000 t左右，其中东北三省野生刺五加产量为800 t

左右。东北地区刺五加种植面积达200万亩左右。随着市场需求量的不断增加，野生刺五加资源被无序采挖，区域生态环境遭到严重破坏，致使野生资源接近枯竭。为解决刺五加野生资源保护与开发利用之间的矛盾，在保证充足、稳定、优质的原料药材供应的前提下，逐渐恢复自然野生刺五加种群数量，开展刺五加生态种植势在必行。目前，刺五加栽培关键技术不规范、育苗技术水平差、种苗质量低，直接影响药材的质量和产量，造成一定的经济损失。运用规范的刺五加栽培关键技术，对提升刺五加生产综合能力，实现其食药两用、稳产高产，以及增加药农收入、发展县域经济具有重要意义。

二、生态种植技术

（一）选地整地

刺五加喜温暖湿润气候，耐寒、耐旱。种植宜选择土壤肥沃、腐殖土较深厚、含水量高、排水良好、土壤pH值为5.5~6.5的地块。耕地栽培选择壤土或砂质壤土为宜。土壤、空气、水的质量要符合国家相关标准。

仿野生林下栽培要选择针阔叶混交林或者阔叶林的地块，林冠密度不要过大，林分郁闭度小于0.6，可以选择阴坡、半阴坡或半阳坡山脊，也可以选择适合造林的荒地或者山荒地。土壤应比较湿润、肥力较强且排水良好。林地的坡度不得超过25°。

春季栽培可在前一年的秋天整地，清除种植区域周围的枯枝落叶及杂草。整地需深耕至30~40 cm，酸性土壤施用熟石灰2.2~3.0 t/hm^2，进行消毒、杀菌、杀虫，并调整土壤的酸碱度。种植前期，施入充分腐熟的农家肥，用量为15~20 t/hm^2。育苗地做床，一般床面宽1.0~1.3 m，高10~15 cm。移栽地块需挖深度50 cm见方的穴，造林穴的株行距为1.0 m×1.5 m。

（二）育苗技术

1. 种子繁殖

刺五加的种子从9月开始逐渐成熟，果实表皮呈黑色、变软时可进行采收，因果实成熟期较长，应当随熟随采。采收回来后将种子浸泡在水中2~3 d，使种子与果肉充分分离，之后去掉果肉和果皮，清水冲洗干净后挑选籽粒饱满的种子晾干。刺五加种子具有后熟休眠特性，且萌发率不高，需要经过高温形态后熟作用及低温生理成熟过程。将种子与细沙按照1∶3的比例搅拌，加水使其湿润（湿度约60%），首先于18~20 ℃条件下放置6周，然后于15~18 ℃条件下放置10周，期间每隔1周翻动1次，最后移至0~4 ℃的环境中储藏，待第2年春季进行播种。

辽宁地区刺五加种子直播的时间一般为4月中旬至5月上旬，将提前处理好的种子均匀地撒在床面上，之后在种子上覆盖一层细土或腐殖土，控制厚度为1~2 cm即可，覆土后压实，再覆盖一层稻草以起到保温、保湿作用，视土壤水分情况适时浇水。当出苗率达到50%左右时将稻草揭去，幼苗的高度达3~5 cm时疏苗、松土除草，苗高达到10 cm左右时可进行移栽。刺五加种苗如图4-2所示。

图4-2　刺五加种苗

2. 扦插繁殖

6—7月，剪取生长充实半木质化嫩枝条，截取长10~20 cm的小段作扦插条，立即将扦插条斜插入苗床土中，入土深达插条的2/3，浇水后覆盖薄膜，约20 d生根，去掉薄膜，搭遮阳篷，生长1年后移栽。

（三）移栽

选择健壮的有性或无性繁殖的当年生苗木进行移栽。根据苗木的质量和生长年限，合理确定栽植密度。一般于4月中下旬移栽定植。刺五加幼苗应即起即栽，保苗3000~4000株/hm^2。采用刨穴栽植，穴深25 cm，栽时将幼苗扶正，埋土后充分踩实，浇足水。

（四）田间管理

1. 中耕除草

苗木定植后应立即开展除草松土工作，将萌发的杂草、灌木去除，松土，保持土壤疏松，其间进行2次中耕除草工作。

2. 灌溉与排水

刺五加对水分的要求比较严格，由于其喜生长在湿润环境中，但又忌积水，因此浇水要采取少量多次的方式。在比较干旱的季节，应适当增加浇水频次；雨季要及时将田间的积水排出，防止田间有太多的积水影响刺五加的生长，避免出现烂根的现象。

3. 施肥

根据药材的生长、土壤肥力等进行施肥。一般情况下，在刺五加根系的附近采取沟施的方法施入有机肥或农家肥，施肥量要适宜，不可太多。刺五加移栽成活后追肥1次，之后每年春季进行1次施肥，每亩施充分腐熟的农家肥约2000 kg。

4. 剪枝整形

当年11月至翌年3月中旬进行修剪，主要剪去长势过旺的枝条、枯死枝条、衰老枝条、病虫害枝条等无用的枝条，确保养分集中供给正常的枝条。

5. 培土

由于刺五加在经过一段时间的生长和松土除草后，会有部分的根部裸露在外面，不利于安全越冬，因此入冬之前要向根部培土，以利于根部的生长和越冬。培土时，土壤厚度以盖住根茎为宜，不要覆盖太厚，也可再覆盖一层稻草。

三、病虫害防治技术

（一）立枯病

1. 症状

刺五加立枯病主要为害幼苗茎基部或地下根部，初为椭圆形或不规则形暗褐色病斑，植株萎蔫，有的渐变为黑褐色，后期病斑扩大，近地面 3~5 cm 处茎部萎缩、腐烂，最后倒伏死亡。

2. 发生规律

立枯病病菌在土壤及病残体上越冬，腐生性较强。病菌通过雨水、流水、沾有带菌土壤的农具及带菌的堆肥传播，从幼苗茎基部或根部伤口侵入，也可穿透寄主表皮直接侵入。病菌生长适温为 20~24 ℃，故苗床温度较高、土壤湿度偏高、土质黏重及排水不良的低洼地发病较重。

3. 防治方法

（1）加强田间管理。采用及时抚育、加强通风和清理种植地等措施；发现病害植株及时拔除，病穴用石灰或高锰酸钾消毒；选择排水良好、土质肥沃、质地疏松的非连作地块种植。

（2）整地时深翻，将表土病菌和病残体翻入土壤深层腐烂分解。

（二）黑斑病

1. 症状

黑斑病病菌主要为害刺五加叶片，幼叶最早发病，开始产生褐色至黑褐色 1~2 mm 的圆形斑点，边缘明显，之后斑点逐渐扩大呈近圆形或不规则形，中心灰白或灰褐色，边缘黑褐色，病斑多时相互合并呈不规则形的大病斑，使叶片焦枯、畸形，导致叶片脱落（图 4-3）。

图 4-3　刺五加黑斑病症状

2. 发生规律

黑斑病发病轻重与气候条件、植株健壮程度有关，植株健壮，发病较轻；反之，发病较重。施肥不足，或偏施氮肥均易发生黑斑病。一般气温 24~28 ℃，并连续阴雨天气时，易于黑斑病的发生和蔓延。

3. 防治方法

（1）合理密植，加强田间通风、透光度。

（2）合理施肥，提高植株抗逆性。

（3）秋季收获后，及时清除病残体和落叶，可减少田间病原菌，控制传染源。

（三）蚜虫

1. 为害特征

蚜虫是半翅目蚜总科的统称，常聚集在幼苗、嫩叶、嫩茎和近地面的叶片上，取食寄主汁液，致使叶片发黄、植株枯萎、生长不良。

2. 发生规律

蚜虫主要分布在北半球温带地区和亚热带地区，热带地区分布很少。喜欢群居，对黄色、橙色有强烈的趋性，绿色次之。蚜虫一年能繁殖 20~30 代，出生以后只需 5 d 就能生育后代，寿命约 3 个月。蚜虫为害刺五加时，会排出大量的蜜露污染叶片和果实，从而引起煤污病，影响植物的光合作用。蚜虫还能传播病毒病，造成病毒病的大面积发生。

3. 防治方法

（1）及时摘除带蚜虫叶片，清除田边杂草和周边受蚜虫为害的老残作物。田间管理时剪除被害枝条，集中焚烧，降低越冬虫口；冬季刮除或刷除树皮上密集越冬的卵块，及时清理残枝落叶，减少越冬虫卵。

（2）采用甲氨基阿维菌素苯甲酸盐等生物类杀虫剂防治。

（四）肖个木虱

1. 为害特征

肖个木虱属专食性害虫，卵多产于小枝顶端叶片正面主脉两侧，虫体顺叶面爬到靠近主脉基部叶柄处或嫩茎部位，钻蛀到叶肉或嫩茎表皮内部吸食汁液进行为害，使被害部位形成大小不等的虫瘿，为害枝叶和果实，使之枯萎。

2. 发生规律

成虫在枯枝落叶层及土缝中越冬，翌年 4 月中旬开始活动，5 月上中旬交配产卵，卵多产于小枝顶端叶片正面主脉两侧。

3. 防治方法

（1）人工除虫，摘除带有瘿瘤的叶片和小枝。秋季落叶后，要及时清理，将枯枝、落叶集中烧毁深埋，控制虫源。

（2）结合整枝，创造田间通风、透光的良好环境。

（3）使用 1.2%苦参碱乳油等生物制剂进行防治。

四、采收初加工技术

（一）茎部采收

刺五加定植 3 年以后，每年秋季叶片枯黄脱落后采收，采收 1~2 m 以上的枝条。将茎干部分截成长度为 20 cm 左右的小段，清洗干净、充分晾干后，捆成小捆。如果采摘幼嫩茎叶用于食用，则在 4—5 月采摘为宜，采摘应适量，以确保植株的正常生长不受影响。

（二）根及根茎采收

刺五加定植 4 年以上采收，采收时间在秋天落叶后，一般在 9 月末至 10 月末。采收根及根茎，去掉泥土，清洗干净，切成长 20~30 cm 的小段，晾干后捆成小捆。

本章参考文献

[1]　国家药典委员会.中华人民共和国药典：2020 年版　一部[M].北京：中国医药科技出版社，2020.

[2]　邢合龙.辽西地区刺五加的育种及林下种植管理技术研究

[J].中国林副特产,2020(6):40-41.

[3] 龚娜,刘国丽,杨光,等.刺五加栽培关键技术[J].园艺与种苗,2020,40(3):9-11.

[4] 严再蓉,费伦敏,黄有林.间作刺五加无公害仿野生栽培技术[J].湖南农业科学,2013(14):54-56.

[5] 王宗权,王振月,陈立超,等.刺五加不同采收年限、不同产地及不同加工方法的研究[J].中药研究与信息,2005(9):13-15.

[6] 姜举娟,王希武,刘庆,等.仿野生生态环境刺五加标准化种植技术[J].中国科技信息,2019(8):53.

[7] 潘景芝,金莎,崔文玉,等.刺五加的化学成分及药理活性研究进展[J].食品工业科技,2019,40(23):353-360.

[8] 田甜,杨坡,孙宝俊.丹东地区短梗五加病虫害种类及防治[J].园艺与种苗,2011(2):29-31.

第五章　黄精

黄精（*Polygonatum sibiricum* Delar. ex Redoute）为百合科多年生草本植物。它作为传统中药在我国沿用已久，距今已有2000年的历史，其药用功效在医药典籍《本草纲目》《神农本草经》都有记载。黄精以根茎入药，含有多糖、黄酮、皂苷、生物碱、蒽酮类、氨基酸和微量营养元素等成分。黄精味甘，性平；归脾、肺、肾经；具有补气养阴、健脾、润肺、益肾等功效，用于脾胃气虚、体倦乏力、胃阴不足、口干食少、肺虚燥咳、劳嗽咳血、精血不足、腰膝酸软、须发早白、内热消渴等症状的治疗。因其药食同源特性而具有较高的经济价值，目前以黄精为原料研发出的蜜饯、饮料、化妆品等系列产品的市场需求量越来越大。

黄精根茎（图5-1）呈圆柱状，由于结节膨大，因此"节间"一头粗、一头细，在粗的一头有短分枝（中药志称这种根茎类型所制成的药材为鸡头黄精），直径1~2 cm。茎高50~90 cm，或可达1 m以上，有时呈攀援状。叶轮生，每轮4~6枚，条状披针形，长8~15 cm，宽6~16 mm，先端拳卷或弯曲成钩。花序（图5-2）通常具2~4朵花，似成伞形状，总花梗长1~2 cm，花梗长4~10 mm，俯垂；苞片位于花梗基部，膜质，钻形或条状披针形，长3~5 mm，具1脉；花被乳白色至淡黄色，全长9~12 mm，花被筒中部稍缢缩，裂片长约4 mm；花丝长0.5~1.0 mm，花药长2~3 mm；子房长约3 mm，花柱长5~7 mm。浆果（图5-3）直径7~10 mm，成熟时黑色，具4~7颗种子。花期5—6月，果期 8—9 月。

图 5-1　黄精根茎

图 5-2　黄精花序

图 5-3　黄精果实

黄精产于黑龙江、吉林、辽宁、河北、山西、陕西、内蒙古、宁夏、甘肃（东部）、河南、山东、安徽（东部）、浙江（西北部）等地，生于林下、灌丛或山坡阴处，种植地海拔为 800～2800 m。朝鲜、蒙古和俄罗斯西伯利亚东部地区也有黄精分布。

一、产业现状

辽宁省是我国黄精的重点产区之一，黄精栽培历史悠久。20世纪80年代以来，尤其是2008年以后，在各级政府的支持鼓励下，黄精产业得到了快速发展，人工驯化栽植（图5-4）面积不断扩大，主要品种以鸡头黄精为主，产量不断增长。辽宁省黄精总产量由2008年的2000 t发展到2019年的1.5万t，产值由2008年的3000万元上升到2019年的1.6亿元。2019年，辽宁省黄精总产量1.5万t，栽培面积340 hm^2，从业人员10余万人。经过多年发展，辽宁省黄精优势产区基本形成，重点产区主要分布在抚顺市（新宾、清原），发展面积130 hm^2，产量5700 t；本溪市（桓仁、本溪）40 hm^2，产量1800 t；丹东市（凤城、宽甸）40 hm^2，产量1700 t；鞍山市（岫岩）100 hm^2，产量4400 t；大连市（庄河、瓦房店）30 hm^2，产量1300 t。从事黄精种植的专业合作社有10多家，主要从事黄精的种植、收购和初级加工，为种植户提供产前、产中、产后服务，帮助解决栽培中存在的一些技术问题。

图5-4 黄精人工种植

随着国内外市场对黄精需求量的逐年增加，人们对野生黄精资源进行了长期的掠夺式开发，使其遭受了严重破坏，野生种群资源濒危，道地品种品质退化，科学种植水平落后。缺乏品种、品牌、产品的全产业链监管措施。少数育苗基地存在盲目引进种苗现象，良种选育和标准化种植技术落后，很难从根本上保证黄精的药效质量。

二、生态种植技术

（一）选地整地

选择合适的地块是黄精健康生长的先决条件。土壤、空气、水的质量要符合国家相关标准。耕地栽培选择接近水源、交通便利，以及大气、水质、土壤无污染的地区，且未施用化学除草剂，地势坡度 5°~15°，地块排水顺畅，近距离内有自然水源或井供水，以保证栽培灌水需要。通常情况下，迎风地、低洼易涝积水地、地下水位偏高地不宜选用，前茬作物以大豆为好。

仿生林下栽培，指模拟野生黄精生长的光照、空气、温度、湿度等条件，采取人工管理方法栽培黄精。应选择清洁干燥，林下杂灌稀少的阔叶林，通风、湿度、水源较好，地势较高，坡度不大于 35°，距公路 200 m 以外的林地。栽种区域 50 m 范围内无积水和腐烂堆积物。

以土质肥沃、疏松、富含腐质的砂质壤土，以及 pH 值为 6.1~7.0 的中性和微酸性土为好；特别黏重、排水不良的土质不宜选用。

整地前先施入充分腐熟的农家肥，每亩用量 1500~2000 kg，均匀撒于地表。然后将土深翻 30 cm，细耙做床，一般畦面宽 100~130 cm，畦高 15~20 cm。

（二）育苗技术

1. 种子繁殖

选择生长健壮的植株留种，当浆果的果皮呈紫黑色，果肉变软时即可采收。采收时，由于同一株上的果实成熟度不一致，应当随熟随采，随后将果实漂洗，去掉果皮和果肉后通风阴干。消毒后进行沙藏处理，即在背阴背风处挖 30 cm×40 cm 的坑，将种子（图 5-5）与湿沙按照 1：3 的比例混合后存放在坑中，覆秸秆保证通气性，顶部培细沙以维持坑内湿度与温度，定期检查防止虫鼠为害及种子霉变腐烂，户外坑注意防雨。翌年 4 月初可筛种使用。辽宁地区黄精种子直播的时间一般为 4 月下旬至 5 月上旬，每亩撒播种子 15 kg，撒播后覆土 2~3 cm 并压实，然后在畦上覆盖一层稻草以起到保温、保湿作用，并视土壤水分情况适时浇水。播种后 2~3 年可以出圃移栽至大田（图 5-6）。

图 5-5 黄精种子

图 5-6　黄精种子育苗

2. 根茎繁殖

黄精根茎繁殖分为秋栽与春栽。秋栽在种子成熟后即可挖取根茎进行整地移栽，春季在土壤化冻后黄精根茎未萌动前进行整地移栽。辽宁地区一般在秋季 10 月或春季 3 月末至 4 月上旬进行移栽。选取健壮无病植株的新鲜饱满、具顶芽、长度 8~10 cm 的根茎，伤口处涂抹草木灰晾干收浆后栽种。秋季栽种后加盖草、地膜或圈肥保暖越冬。

（三）移栽

根据不同的土质、肥力、种栽质量和起挖年限，合理确定栽植密度。在整好的畦面上按照行距 25~30 cm 开横沟，沟深 8~10 cm，种根芽眼向上，顺垄沟摆放，每隔 12~15 cm 平放一段。覆盖细土厚 7~8 cm。稍加镇压，对土壤墒情差的田块，栽后浇一次透水，确保成活率，每亩用种茎 100~150 kg。

（四）田间管理

1. 中耕除草

出苗后，第 1 年除草可用手拔或浅锄，根茎密布地表层后

（图 5-7），只宜用手拔除。雨后或土壤过湿不宜拔草。

图 5-7　黄精生长情况

2. 灌溉与排水

黄精喜湿润但忌积水。平时田间应保持土壤湿度，有遮阴条件会使土壤的保水性增加。可采用稻草等秸秆进行行间覆盖保湿，也可在行间种植玉米等高秆作物，以创造良好的阴湿环境。雨季要注意排水，长期水泡会影响其根系的呼吸作用，出现烂根现象，从而严重影响黄精生长，甚至造成植株死亡，因此黄精种植要注意排水，防止积水。旱季缺水时期应及时灌溉，黄精花期是需水的关键时期，若出现干旱要及时浇水，从而促进根茎生长。

3. 施肥

根据药材的生长、土壤肥力等情况进行施肥。一般情况下，追肥与中耕除草同时进行，施入充分腐熟的农家肥 15 t/hm^2。每年入冬前施入一次农家肥。

4. 摘除花蕾

黄精具有枝节腋生多朵伞形花序（图 5-8）和果实（图 5-9），且花果期持续时间较长的生物学特性，花果会消耗部分植株营养，从而影响黄精根茎生长。辽宁地区一般在 5—6 月黄精孕蕾，为促进黄精的根茎生长，除保留产种黄精植株，应在花蕾形成前将花芽摘除，从而促进营养成分集中向根茎积累，提高根茎产量。

图 5-8　黄精开花

图 5-9　黄精结实

三、病虫害防治技术

（一）根腐病

1. 症状

黄精根腐病发病初期植株地上部分症状不明显，叶片由下而上逐渐变黄（图 5-10），根部产生水渍状褐色坏死斑，最后整株枯萎、死亡。地下根茎病斑不断扩大、水渍状、腐烂，湿度大时根茎表面可见白色霉层，严重时整个根内部腐烂（图 5-11）。

图 5-10　黄精根腐病植株症状

图 5-11　黄精根腐病根部症状

2. 发生规律

根腐病病菌在土壤及病残体上越冬，种苗也可带菌。翌年3月底出苗期就有发生，主要侵染根部。地势低洼或排水不良的地块病害发生较重。在雨水多、土壤湿度大、植株过密、不利于植株生长的条件下，病害蔓延迅速。机械损伤，以及蛴螬、线虫等害虫为害有利于病菌的侵入。另外，该病的发生与土壤潮湿、肥料不腐熟有一定的关系。

3. 防治方法

（1）选用抗病品种。选用健壮无病的种苗，不在发病的田块中留种，以减少病害发生。

（2）实行轮作。合理轮作忌重茬，与禾本科作物轮作3~5年，有条件的可进行水旱轮作，以减少病原基数，降低发病率。

（3）加强田间管理。选择排水良好、土质肥沃、质地疏松的非连作地块种植；施入充分腐熟的有机肥；雨季及时排水；秋季及时清除病株，运到远处深埋，病穴用石灰或高锰酸钾消毒。

（4）生物防治。利用芽孢杆菌和木霉菌等生防菌防治。

（二）褐斑病

1. 症状

黄精褐斑病病菌主要为害叶片，发病初期叶片上形成多个褐色小点，后期叶片病斑逐渐扩大呈现出椭圆形或不规则形状，红褐色、边缘紫褐色（图5-12），引起叶黄化、枯死。雨季病情严重，在病斑上生灰褐色霉状物，严重时地上部分叶片干枯致死。

2. 发生规律

褐斑病病菌在病残体及土壤中越冬。翌年条件适宜时侵染叶片，借风雨传播。高温、高湿易于发病。在东北地区，一般于6月中下旬开始发病，7—8月为发病盛期，直至收获均可感染。植株生长过密、田间湿度大及氮肥过多均可加重病情。

图 5-12　黄精褐斑病症状

3. 防治方法

（1）合理密植，加强田间通风、透光度。

（2）合理施肥，提高植株抗逆性。

（3）雨后及时排水。

（4）秋季收获后，及时清除病残体和落叶，以减少越冬菌源。

（三）炭疽病

1. 症状

黄精炭疽病病菌主要为害叶片和茎秆。病斑多从叶尖、叶缘开始。初期病斑为浅褐色小斑点，后期扩展为深褐色椭圆形或不规则形病斑，病斑中部凹陷或穿孔（图 5-13）。潮湿条件下，病斑上散生黑色小颗粒，即分生孢子盘。严重时植株叶片枯死。

图 5-13　黄精炭疽病症状

2. 发生规律

炭疽病病菌分生孢子在病株残体枝叶上或土壤中越冬，6 月中下旬发病，发病高峰期在 8—9 月，主要为害叶片和茎秆。病菌可通过伤口、根部和地上部分侵染植株，高温高湿下病菌易于侵入。

3. 防治方法

（1）深耕细作，及时焚毁病株残体，以减少田间病菌来源。

（2）合理密植，创造良好的通风透光条件。

（3）避免连作，加强肥水管理。

（4）发病期及时防治蚜虫、螨类，避免害虫携带孢子传病和造成伤口。

（四）蛴螬

蛴螬为鞘翅目金龟甲总科幼虫的统称，是在我国分布广泛的地下害虫。身体乳白色且呈 C 字形弯曲，体壁柔软多褶皱，表面疏生细毛，头部褐色至红褐色。为害药用植物的蛴螬种类较多，常见的有东北大黑鳃金龟、暗黑鳃金龟等。

1. 为害特征

春秋两季，蛴螬咬食黄精的幼嫩根茎，造成断苗或根部空洞（图 5-14），植株矮小或死亡（图 5-15），导致药材产量和品质下降。

图 5-14　蛴螬为害黄精根部

图 5-15　蛴螬为害黄精植株

2. 发生规律

东北大黑鳃金龟在东北地区 2 年发生 1 代，以幼虫或成虫在土中越冬，1 年中不同虫态交错出现、世代重叠。在东北地区，越冬幼虫在 5 月中下旬土温升至 10 ℃以上时移到表土层为害。幼虫为害可持续到 7 月初。7 月中旬至 9 月中旬 3 龄幼虫陆续下降到 30~50 cm 深处做土室化蛹，蛹期 2~3 周，羽化后一般当年不再出土而进入越冬期。幼虫越冬的深度为 80~120 cm。在辽宁，幼虫数量有隔年较多的趋势，造成幼虫隔年为害严重的现象谓之“大小年”。如当年幼虫越冬量大，次春为害重；如当年成虫越冬量大，则次春为害轻。但到秋季时，当年幼虫已发育至 2 龄，秋季为害也重。成虫盛发期为 5 月底至 6 月初。成虫白天潜伏土中，傍晚出土活动、取食、交尾，黎明又回到土中。有假死习性和较强的趋光性。

暗黑鳃金龟在各地均为一年发生 1 代，主要以幼虫越冬，少量以成虫越冬。越冬幼虫翌年不再上移为害，直接在越冬处化蛹、羽化。成虫昼伏夜出，趋光性强，有假死习性，产卵盛期在 6 月中旬至 7 月上旬，幼虫卵孵化后为害作物的根部，秋末下移到 30~40 cm 土中越冬。

3. 防治方法

（1）施用充分腐熟的农家肥可减少害虫滋生，同时能改良土壤透水、透气性能，有利于土壤微生物的活动，从而使根系发育快，苗齐苗壮。

（2）深翻土地不仅可将大量蛴螬暴露于地表，使其冻死、风干或被天敌啄食、寄生等，减少害虫的基数，还可达到松土的目的。

（3）合理轮作，前茬为豆类、花生、甘薯和玉米的地块，蛴螬常发生较重。水旱轮作可明显减轻地下害虫的为害。

（4）利用成虫的假死习性，人工早晚捕杀成虫，将成虫消灭在产卵之前，以降低虫口的数量。

（5）利用成虫的趋光性，使用黑光灯或频振诱虫灯诱杀成虫。

四、采收初加工技术

根茎繁殖一般在种植 3 年后采收。通常在秋末地上部分枯萎或春初萌发前进行采收（图 5-16）。采挖时，先割去地上茎秆，采用人工或机械挖掘，从床的一端开始，朝另一方向按照顺序起挖，应避免破伤外皮和断根。采挖后抖净泥土，去除残茎。黄精初加工方法有晒干法、蒸制法、煮制法等。

图 5-16　黄精机械采收

本章参考文献

[1] 杨国日.辽宁省黄精产业现状及发展建议[J].辽宁林业科技，2020(2):73-74.

[2] 赵奇,傅俊范.北方药用植物病虫害防治[M].沈阳:沈阳出版社,2009.

[3] 何运转,谢晓亮,刘廷辉,等.中草药主要病虫害原色图谱[M].北京:中国医药科技出版社,2019.

[4] 周如军,傅俊范.药用植物病害原色图鉴[M].北京:中国农业出版社,2016.

[5] 金山.辽宁地区黄精栽培技术要点[J].中国林副特产,2020(2):46-48.

[6] 尹杰.辽宁地区黄精人工栽培技术[J].农业科技通讯,2022(3):273-274.

第六章　桔梗

桔梗［*Platycodon grandiflorum*（Jacq.）A. DC.］是桔梗科桔梗属的多年生草本植物（图 6-1），根部入药（图 6-2），具有宣肺、利咽、祛痰、排脓的功效。桔梗茎高 20～120 cm，通常无毛，偶密被短毛，不分枝，极少上部分枝。桔梗叶全部轮生，部分轮生至全部互生，无柄或有极短的柄，叶片卵形，卵状椭圆形至披针形，长 2～7 cm，宽 0.5～3.5 cm，基部宽楔形至圆钝，顶端急尖，上面无毛而绿色，下面常无毛而有白粉，有时脉上有短毛或瘤突状毛，边缘具细锯齿。桔梗花（图 6-3）单朵顶生，或数朵集成假总状花序，或有花序分枝而集成圆锥花序；花萼筒部半圆球状或圆球状倒锥形，被白粉，裂片三角形或狭三角形，有时呈齿状；花冠大，长 1.5～4.0 cm，蓝色或紫色。蒴果呈球状，或球状倒圆锥形，或倒卵状，长 1.0～2.5 cm，直径约 1 cm。花期 7—9 月。桔梗原产于中国北部、朝鲜半岛、俄罗斯远东等地区。

图 6-1　桔梗

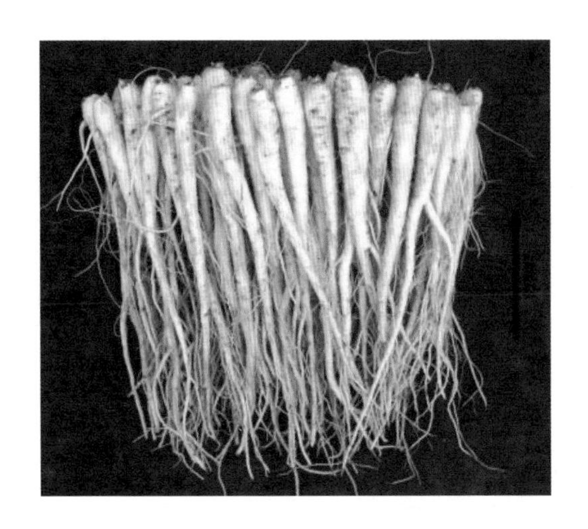

图 6-2　桔梗药材

图 6-3　白花桔梗

一、产业现状

桔梗在中国诸多省份均有种植，其中西南地区是中国桔梗种植面积最大的地区，大多生长在低海拔的丘陵草地和灌木丛中。通常将生长在北方地区的桔梗统称为“北桔梗”，种植区域为辽宁、吉林、内蒙古及华北地区；将生长在南方地区的桔梗统称为“南桔梗”，种植区域为安徽、江苏等地。桔梗喜光、喜温、喜湿润凉爽的环境。中国主要栽培桔梗的三大地区为山东、内蒙古、安徽，均属于温带季风气候。

桔梗适宜在 pH 值为 5.5~8.0 的土壤上种植，种植范围广泛，种植年限较短（一般 2~3 年），可以作为药材轮作的主要品种。桔梗在辽宁省抚顺市、丹东市、朝阳市、阜新市、辽阳市、鞍山市被广泛种植，种植面积约 153 hm^2，药材干品年产量约 550 t。

二、生态种植技术

（一）选地整地

首先要选择光照充足且土质深厚的区域建立苗圃，最好选择砂质壤土。其次在确定种植区域后，整地时需进行深翻操作，将深度控制在 36 cm 为宜。最后建立田畦，根据实际情况控制长度，但宽度通常设置为 1 m。

（二）育苗技术

1. 育苗季节

辽宁省种植桔梗以种子直播为主，春季、夏季、秋季均可播种。4—5 月播种最为适宜，播种时最适温为 18~25 ℃。

2. 种子选择

优选二年生植株新产的饱满优质种子，要求种子籽粒饱满、表面油润、有光泽、无病虫害、无霉烂。禁止使用陈种。禁止使用一年生植株结的种子，即“娃娃种”，其出苗率低，而且幼苗细弱。种植户要从正规渠道购买种子，严把种子质量关，即种子纯度不低于 99%、净度不低于 98%、发芽率不低于 93%、含水率不高于 13.2%。

3. 种子处理

为提高种子发芽势及发芽率，播种前需要做好种子处理工作。首先，用温汤浸种催芽，准备适量50 ℃温水浸泡桔梗种子8~10 h；其次，用湿布包裹种子并放置于恒温25 ℃环境下催芽，上面覆盖湿润麻袋片，早晚各浇水1次，催芽5 d后即可播种；再次，用0.4%高锰酸钾溶液浸种24 h；最后，洗净晾干再播种即可。

4. 播种

东北地区种植桔梗时，在4月以直播的方式进行播种。将种子与沙土搅拌在一起，撒播在畦面上，用扫把清扫，在覆盖种子后对其进行镇压处理，半个月左右可出苗，1个月左右苗齐。

（三）移栽

在秋末地上部分枯萎后或次年春季出苗前移栽，将根掘起，按照行距20~25 cm开沟，株距6 cm，顺沟栽植，栽后覆细土，稍压即可。

（四）田间管理

1. 中耕除草

桔梗幼苗前期生长缓慢，这时要注意及时中耕除草，防止杂草影响幼苗。每次除草时间间隔为1个月左右，将杂草的生长控制在尽可能小的范围内。

2. 肥水管理

定苗后，根据土壤墒情，及时进行浇水，可根据幼苗长势情况，及时追施一定数量的尿素进行提苗，以45~75 kg/hm^2为宜，不宜过多。待苗长至15 cm左右时，可追施高磷钾含量的复合肥450 kg/hm^2，借助开沟工具施入后，及时浇水。开花盛期，及时追施复合肥750 kg/hm^2。

3. 及时除蕾

桔梗在蕾期和花期进行除蕾（图6-4），宜选择化学除蕾的方式进行，除蕾时选用40%的乙烯利1000倍液进行植株喷雾处理，化学除蕾既省工、省时、省力，也能避免人工除蕾不彻底的弊端。此外，化学除蕾可有效减少花朵养分消耗，促进根部养分积累，提高单位面积产量。

图6-4　桔梗除蕾时期

4. 越冬管理

在秋季收种后，尽早收割地上茎秆，要在冬前浇1次水，可用稻草、茅草等秸秆遮盖苗床，这既能保持地温相对稳定，又能避免寒风直接侵袭植株根部。

三、病虫害防治技术

（一）根腐病

1. 症状

桔梗根腐病主要为害桔梗根部（图6-5），发病初期在近地面的根头部位出现褐色坏死，逐渐向下蔓延，15~20 d即可引起全根坏死，后腐生菌侵入，导致坏死组织软腐分解，仅残留外皮；同时地上部茎叶逐渐变黄，此时茎内导管并不变色。当整个肉质根变褐坏死，地上部茎、叶也将萎蔫死亡。

图 6-5　桔梗根腐病症状

2. 发生规律

根腐病属真菌病病害，高温高湿环境下极易引发，每年的6—8 月是该病的高发时期。受害根茎逐渐腐烂，整株萎蔫，根部腐烂，最终干枯而死。桔梗根腐病在种植区广泛分布，重茬地多有发生，严重时桔梗成片枯死。低洼地的桔梗根腐病发病率将近100%。

病菌可在土壤中或病残体中存活，主要通过根部伤口侵入寄主。高温多雨，地势低洼、土质黏重、田间积水地块发病重；不施或少施有机肥，偏施氮肥，发病重；植株过密、地下害虫多时，发病重；连作发病重，且连作年限越长发病越重。

3. 防治方法

（1）农业防控。选择地势高、土质疏松的砂质壤土种植，若在低洼地或多雨地区种植，要作高畦，修好排水沟，雨后及时排水；种植前，可用 50%多菌灵对土壤进行消毒，每亩混拌约 5 kg 多菌灵；山地每亩用 50～100 kg 石灰粉改善土壤，可减轻发病。忌连作，合理轮作，在重病区可实行水旱轮作或与非寄主植物（如禾本科类植物）轮作，降低土壤带菌量。及时发现病株并拔除，并在病穴处浇注10%石灰水进行消毒，防止进一步侵染。

（2）生物防治。移栽时用木霉菌T25菌剂沟施，使根围形成以抗生菌占优势的小生境；使用绿都菌剂1号（500亿/g）1000倍液或根康600倍液对根腐病进行防治。

（二）斑枯病

1. 症状

桔梗斑枯病为害叶片。发病初期受害叶片两面产生直径2~5 mm白色圆形或近圆形病斑，病斑上面生有小黑点，即病原菌的分生孢子器，发生严重病斑融合成片，叶片枯死。

2. 发生规律

斑枯病病原菌主要以分生孢子器在病叶上越冬，或以菌丝体在病根芽、残茎上越冬，成为翌年初次侵染来源。生长期不断产生分生孢子，借风雨传播，进行再次侵染，扩大为害。偏施氮肥、栽培密度大、多雨潮湿条件下发病重。

3. 防治方法

（1）农业防治。对秋季桔梗地上枯萎的叶片，应彻底清理，减少菌源；雨季注意排水，降低土壤湿度；可通过磷肥、钾肥的增施，增强植株的抗病能力；创造利于桔梗生长，不利于斑枯病菌蔓延的环境，起到减轻病害发生的效果。对已经发生的地块，实施深耕轮作。

（2）生物防治。黄芩素提取液可以迅速被叶片吸收，抑制病菌细胞壁的合成，导致菌体死亡；抑制菌丝的发育和孢子形成，能直接杀死病原菌孢子，从而有效抑制作物病斑的增多和扩大。

四、采收初加工技术

桔梗播种后一般2~3年采收。采挖适期为秋末或春季萌芽前，除去叶茎，刨出根部，洗净泥土，防止破损，削去较小侧根、须根和芦头，晾晒或烘干。商品桔梗以条肥大、色白、体实、味苦、无虫蛀者为佳。干燥后的桔梗放于袋中置于阴凉通风干燥处储藏，并注意防潮、霉变、虫蛀。储藏温度应在 20 ℃以下，相对湿度为 70%～75%，商品安全水分为 11%～13%。储藏期间应定期检查，发现吸潮或轻度霉变、虫蛀，要及时晾晒。

本章参考文献

[1] 翟俊杰,安凤霞,张腾腾,等.栽培技术对桔梗药材质量影响的研究进展[J].安徽农学通报,2021,27(11):43-45.

[2] 徐鑫.桔梗栽培技术[J].现代化农业,2021(7):34-35.

[3] 孔祥亮,孙玉涛,王祥会.桔梗绿色高质高效栽培技术[J].基层农技推广,2021,9(3):123-124.

[4] 张岩,魏建和,金钺,等.桔梗三大主产区栽培技术调查[J].中国现代中药,2020,22(5):720-728.

第七章　辽藁本

辽藁本（*Ligusticum jeholense* Nakai et Kitag.）又称北藁本、热河藁本，为伞形科藁本属多年生草本植物［图 7-1(a)］，主要分布在我国辽宁、吉林、河北、山西、内蒙古等地，喜欢生长在林下、山坡地和灌木丛中。辽藁本以干燥的根或根茎入药［图 7-1(d)］，在我国用于治疗风寒头痛和风湿性关节痛已有一千多年的历史，《神农百草经》中已有记载。在《中华人民共和国药典》（2020年版）中，只有辽藁本和藁本（*Ligusticum sinense* Oliv.）因其化学成分非常相似、用途和功效几乎相同而被列为藁本（*Ligustici Rhizoma* et Radix）药材，通常用于治疗风寒感冒、巅顶疼痛、风湿痹痛，还有抗菌和抗氧化作用。目前在临床中医中，有超过100 种中成药使用藁本作为主要原料。从地理上看，辽藁本主要分布在我国北方，藁本分布则较广泛，但与辽藁本的分布不重叠。辽藁本药食同源，具有较高的药用、食用、保健价值，既可以作为药材，又可以作为特色山野菜进行反季节栽培。

辽藁本野生资源主要分布在 1250~2500 m 的林下、草甸、林缘、阴湿石粒山坡及沟边。根圆锥形，分叉，表面深褐色，根茎较短。辽藁本高 30~80 cm，茎直立，圆柱形，中空，具纵条纹，常带紫色，上部分枝。叶具柄，基生叶柄长可达 19 cm，向上渐短；叶片轮廓宽卵形，长 10~20 cm，宽 8~16 cm，2~3 回三出式羽状全裂，羽片 4~5 对，轮廓卵形，长 5~10 cm，宽 3~7 cm，基

(a) 植株分解

(b) 果穗特征

(c) 花期植株特征

(d) 药材饮片

图 7-1　辽藁本的植株特征及入药

部者具柄，柄长 2~5 cm；小羽片 3~4 对，卵形，长 2~3 cm，宽 1~2 cm，基部心形至楔形，边缘常有 3~5 浅裂；裂片具齿，齿端有小尖头，表面沿主脉被糙毛。复伞形花序顶生或侧生，直径 3~7 cm；总苞片 2 片，线形，长约 1 cm，粗糙，边缘狭膜质，早落；伞辐 8~10，长 2~3 cm，内侧粗糙；小总苞片 8~10 片，钻形，长 3~5 mm，被糙毛；小伞形花序具花 15~20 朵；花柄不等长，内侧粗糙；萼齿不明显；花瓣白色，长圆状倒卵形，具内折小舌片；花柱基隆起，半球形，花柱长，果期向下反曲。分生果背腹扁压，椭圆形，长 3~4 mm，宽 2.0~2.5 mm，背棱突起，侧棱具狭翅；各棱槽中通常有 1 条油管，有时在侧棱棱槽内为 2 条；合生面油管 2~4；胚乳腹面平直。花期 8 月［图 7-1（c）］，果期 9—10 月［图 7-1（b）］。

辽藁本的化学成分主要有苯酞类化合物、香豆素类化合物、挥发油类化合物、有机酸类物质及其他化合物，其中，苯酞类物质化合物藁本内酯和有机酸类物质阿魏酸是公认的主要的有效药用成分。

一、产业现状

辽藁本人工栽培历史较短，自 2008 年起，辽宁省清原县率先开展辽藁本人工驯化栽培；之后辽宁省新宾县、辽阳县，黑龙江省铁力市、绥化市等地也开展人工栽培辽藁本，但规模较小，处于试验和起步阶段。目前，辽宁省已大面积种植辽藁木，主要分布在清原、新宾、宽甸、凤城、桓仁、辽阳等县（市），面积约 266.7 hm^2，年产量 500 t 左右（干品）。每年国内药材市场对辽藁本药材需求量达到千吨左右，产量难以满足市场需求。辽藁本的适应性很强，大田、荒山、荒地、人工林、果园等均可种植，种植季节为秋季上冻前和春季，栽苗 2 年、播种 3 年采收，平均亩产干货 500 kg 左右，种植效益很可观，按照近些年保护收购价 30 元/kg 计算，3 年采收后总收入为 1.5 万元左右，扣除种子、肥料、农药、人工、运输等成本 3000 元左右，净收入为 1.2 万元，年均收入 4000 元，是种植玉米、大豆、水稻、小麦等粮食作物收入的 3~4 倍。一些中药材种植合作社主要从事辽藁本栽培、收购、初级加工，并为种植户提供一些技术指导。虽然种植辽藁本的收益较大，但是仍有一些影响产量效益的关键栽培技术问题亟待解决。

随着辽藁本野生资源圃的建立，引种、驯化工作的持续推进（图 7-2），国内已经陆续开始辽藁本人工生态栽培。种植面积的逐渐扩大，对辽藁本高效栽培技术标准提出了更高的要求。前人研究了辽藁本不同栽培技术模式对产量和品质的影响，为建立科学的栽培管理模式提供了理论基础，同时为带来长远的社会经济效益提供了保证。本章从种苗繁育、田间管理、病虫害防治、采收初加工等方面阐述了辽藁本高效生态种植技术，能为积极推动中药材和特色蔬菜产业发展起到重要作用。从长远发展来看，建立稳定、生态、高产的辽藁本种植基地和开展《中药材生产质量管理规范》（GAP）认证，是满足市场需求、解决资源紧缺、提高辽藁本质量的重要途径。

图 7-2　辽藁本种质资源保存圃

二、生态种植技术

（一）选地与整地

辽藁本生态种植要尽量远离工厂、交通道路等污染较重的区域，选择污染较小、水源水质较好的坡地（坡度不大于20°）为宜。种植土地应选择土层深厚疏松、土质湿润肥沃、排水良好、土壤pH值为5.5~7.0的砂质壤土或腐殖质壤土。辽藁本可在大田和透光度70%的林下种植，也可在果园、人工林等行间套种；可在大田套种少量玉米，这样不仅可在当年收获玉米，还可起到保墒的作用。选好地块后，清理杂草或枯萎作物，集中掩埋或进行无害化焚烧，以增加土壤肥力、活化土壤、减少病虫害发生。

整地前每亩先施入腐熟农家肥1500~2000 kg，深翻20~25 cm耙碎，或者用旋耕机将土壤旋松，使土、肥均匀混合；除净杂草碎石后做床，床宽120 cm、高25~30 cm，作业道宽40 cm。

（二）育苗技术

辽藁本的繁殖方式有播种和分株，生产中以种子繁育种苗，然后进行移栽为主。

1. 种子处理

选择饱满、干净、发芽率大于85%的种子（图7-3），剔除有病菌的种子，晾晒2~3 d，提高发芽率和成苗率。

2. 播种

辽藁本可以在春季和秋季播种，春播在4月上中旬至5月初，秋播在10月下旬至土壤上冻前，一般春播的出苗率更高。首先将种子与一定量的细沙搅拌均匀后撒播在床面上，覆土约0.8 cm；然后用木磙轻压一个来回，使种子与土壤充分接触，每亩播撒种子1.5~2.0 kg；最后用松针或者稻草覆盖床面以利保湿，覆盖厚度以1.0~1.5 cm为宜，盖得太薄不利于保持水分，盖得太厚则不利于出苗。

图 7-3　辽藁本优质种子

3. 苗期管理

辽藁本幼苗出土前应保持床面湿润，一般播种后 10~15 d 即可出苗。干旱时适当浇水，幼苗出齐后待长到 3~4 cm 时，需要间去过密的小苗，保持株距 3~4 cm。幼苗生长期，田间除草要及时，不能出现草荒现象。杂草长出 2 片真叶时，需尽快拔掉，如果杂草过大，拔草时容易将种子或小苗带出。育苗地播种前已经施足底肥，苗期不用再施肥。辽藁本是耐寒植物，可以自然越冬。

（三）移栽技术

1. 起苗

辽藁本可以选择一年生种苗（图 7-4），在早春萌发前或者晚秋地上部分枯萎后进行移栽。起苗要从床的一端开始，从床面两侧向里起，不要在床上刨。将苗起出后，抖净泥土，将病苗淘汰，留取健康苗备用。种苗起出后最好马上移栽，如果因为气候等原因不能立即移栽，需要将苗放到冷库里保存。

图 7-4　辽藁本一年生种苗

2. 移栽

移栽时可以起高床或者起高垄，起高床移栽株行距 25 cm×20 cm，从床面的一端开始挖移栽沟，沟深 10～15 cm，深度根据苗的大小而定，将小苗顶芽向上摆在移栽沟内，顶芽要低于床面 2～3 cm，株距 20 cm，摆好后覆土，覆土厚度以盖过顶芽 3 cm 为宜。覆土过深出苗困难，过浅则苗容易倒伏。秋季移栽后可以适当增加覆土厚度，以利于小苗越冬。按照 25 cm 行距挖另一条移栽沟进行移栽，栽完一床后将床面整平稍加镇压，贴好床帮，包好床头。有条件的地区可以在床面覆盖一层马粪、鹿粪或枯叶等。高垄移栽起垄方式与玉米相同，株距 15 cm 左右，穴深 10～15 cm，移栽时不要窝根，移栽后覆盖土 3～4 cm 为宜。

（四）田间管理

移栽苗栽好后一般需要 15~20 d 即可出土，要及时做好田间除草、排水防旱、合理施肥等管理工作。辽藁本是多年生草本植物，每年的田间管理基本相同。

1. 除草

移栽后的前一两年，每年要除草 2~3 次，主要采用人工除杂草，尽量少用锄头，避免损伤根茎及幼根。除草的原则是除早、除小、除净。及时清除田间的杂草，有利于保持种植地通风透光。第 3 年以后，辽藁本长得比较大了，每年要除草 3~4 次，在除草过程中需及时除去病弱苗。

2. 施肥

夏季是辽藁本的生长旺盛期，所需营养物质比较多，需要追肥。在 6 月上旬和 7 月下旬追肥两次，施肥时先用锄头在两行之间开施肥沟，施肥沟深度 10~15 cm，每亩共追施微生物菌肥 40 kg。在入冬前施入一层粪肥，然后将粪肥用土盖上，既可以满足翌年新芽的肥力需要，又可以避免冻伤越冬芽苞。8 月初可以再喷施水溶性有机肥，增强叶面光合作用，促进植株生长发育。

3. 灌溉与排水

辽藁本在移栽后每隔 7~10 d 应浇水一次，保持土壤水分在 50%左右，直至雨季到来。多雨季节，要做好挖沟排水工作，作业道和排水沟需经常清理，及时排水防涝，防止积水烂根。进入花期以后，干旱严重的地块浇水 2~3 次，以满足植株生长的需水量。

4. 摘除花蕾

7 月下旬是辽藁本孕蕾期，8 月上旬至 9 月上旬为开花期（图 7-5），辽藁本花期较长，只要环境条件适宜，开花会持续不断。辽藁本人工栽培驯化后由于水肥条件改善，产生植株徒长、持续开花等现象，使其产量和品质都受到影响，因此在花期应采取相应的花序处理措施，摘除顶部花蕾，既可以促进地下根茎生长，提高药材品质，还可以促进果实（图 7-6）的成熟饱满。

图 7-5 辽藁本的花

图 7-6 辽藁本的果实

三、病虫害防治技术

（一）白粉病

1. 症状

辽藁本白粉病病菌主要侵染叶片及嫩茎，发病初期叶片退绿或呈灰白色斑块，发病区域有一层白粉，病斑轮廓不清，逐渐发展蔓延到整个叶片，病叶逐渐卷缩、干枯、脱落。严重时茎秆变黑褐色，地上部位全枯死（图 7-7）。

图 7-7 辽藁本白粉病症状

2. 发生规律

白粉病病菌以闭囊壳在病残体上越冬，翌年条件适宜时产生子囊孢子进行初侵染，发病后病斑上形成大量分生孢子进行再侵染。辽藁本植株多在花期被侵染，秋季开始形成闭囊壳。土壤湿度大、温度偏高、施氮肥偏多、缺钾、植株过密或杂草多易导致发病。

3. 防治方法

（1）农业防治。加强栽培管理措施，合理施肥，氮肥不宜过多，适当增施富含磷、钾的有机肥料，提高植株抗病力；适度浇水，避免过湿过干，合理安排田间种植密度，增加通风透光效果，减少病原菌的侵染。

（2）物理防治。发病时及时清除病叶；落叶后、萌芽前清除病残茎叶，集中烧毁或深埋，减少越冬菌源基数。

（3）生物防治。选用生物农药进行防治，在发病初期可以喷施4%嘧啶核苷类抗菌素500倍液，枯草芽孢杆菌（有效活菌数5亿/g）300倍液，或者0.5%的几丁聚糖300倍液，每隔7 d喷施1次，连续喷施2次。

（二）根腐病

1. 症状

辽藁本根腐病发病后，地上部叶片萎蔫下垂，根部与地面交接处出现黑斑，逐渐向上下两端蔓延，根部变黑腐烂，根皮脱落，随后植株死亡（图7-8）。

2. 发生规律

根腐病病菌以厚垣孢子在病残体上或土壤中越冬。病菌可通过机械损伤处侵染，也可通过分泌酶直接穿透根皮进行侵染。在土壤积水、土壤温度大于30 ℃等条件下易发病。

图 7-8 辽藁本根腐病症状

3. 防治方法

（1）农业防治。实行合理轮作、倒茬耕作制度，轮作年限 3 年以上；注意疏通沟渠，避免积水；选用无病害感染、无机械损伤、健康的优质种苗移栽；使用充分腐熟的有机肥和生物菌肥。

（2）物理防治。发现病株及时拔除销毁，撒入草木灰 100 g 或生石灰 200～300 g 进行局部消毒。

（3）生物防治。使用哈茨木霉菌（有效活菌数不低于 20 亿/g）500 倍液灌根，多粘类芽孢杆菌（有效活菌数 50 亿/g）1000 倍液灌根，不吸水链霉菌（有效活菌数不低于 2000 万/g）150 g/亩灌根，或者将枯草芽孢杆菌与哈茨木霉菌混合灌根，防治根腐病效果更好。

（三）红蜘蛛

1. 为害特征

红蜘蛛（图 7-9）为害茎叶，成螨、若螨群集在腋芽、嫩梢及嫩叶背吮吸液汁，拉丝结网，致叶片发黄、脱落，严重时导致成片变红乃至植株死亡。

2. 发生规律

红蜘蛛在北方一年可发生 7～10 代，以卵或成虫在枯叶、杂草根及土层中越冬。翌年 4 月下旬，越冬红蜘蛛成虫开始活动，

图 7-9　辽藁本常见虫害红蜘蛛

先在越冬寄主或杂草上繁殖，后转移至辽藁本幼苗为害；而越冬卵 5 月初开始孵化，待辽藁本出苗后开始为害。大多数红蜘蛛属于高温活动型，干旱炎热的气候条件易大面积发生。

3. 防治方法

红蜘蛛的防治应因地制宜，坚持“预防为主，综合防治”的原则，以农业防治为主，辅以生物防治，可达到理想的防治效果。

（1）农业防治。及时清除残株落叶及杂草，以消灭在其内越冬的虫源；加强田间管理，特别是在天气干旱时，注意灌溉并结合施肥，促进植株健壮生长，增强抵抗力；增加株行距，提高通风性、透光性。

（2）生物防治。保护和利用红蜘蛛天敌，如食螨蓟马、大小草蛉、深点食螨瓢虫、小黑瓢虫等，可以抑制红蜘蛛种群的数量，增强对红蜘蛛种群的控制作用。另外，可以向田中投放红蜘蛛的天敌捕食螨，连同养殖的麸皮一起从植株顶部撒放下来，达到“以螨治螨”的效果。

（四）蚜虫

1. 为害特征

辽藁本蚜虫（图 7-10）为害植株茎、叶，成、幼蚜虫群聚嫩梢、嫩叶、花序等处刺吸液汁，致使叶片卷曲发黄、花蕾不能正常开放、植株萎缩，妨碍植株生长发育。

图 7-10　辽藁本常见虫害蚜虫

2. 发生规律

蚜虫在北方一年可发生 8~10 代。以卵越冬，翌年 4 月末孵化为成虫，并在 5 月下旬至 6 月初为害辽藁本幼苗。高温、干旱少雨的气候条件易大规模出现蚜虫。

3. 防治方法

（1）农业防治。选育抗蚜虫品种；采取与禾本科作物远距离轮作制度；冬春季清除田园辽藁本枯枝落叶和周边灌木丛，以消灭越冬虫卵。

（2）物理防治。可用银灰膜避蚜或用黄板引诱。

（3）生物防治。用核桃楸叶 1 kg，加水 3 kg 煮 2 h，过滤后成原液，每千克原液加生石灰过滤液 0.5 kg，再用水 10 kg 稀释喷施；或用白头翁全草 1 kg，加水 10 kg 煮 1 h，过滤后喷施。投放蚜虫的天敌瓢虫和食蚜蝇等，对蚜虫有很好的防治效果。

（五）地下害虫

1. 为害特征

辽藁本地下害虫主要有地老虎（图 7-11）、蛴螬（图 7-12）

等。地老虎、蛴螬幼虫在 5—6 月为害，幼虫啃食幼苗根茎和嫩芽，严重时植物根系无法吸收土壤养分导致植物萎蔫死亡，造成缺苗断垄。其发生和为害程度与土壤湿度、质地、杂草数量有关，一般干旱少雨年份为害较重。

图 7-11　辽藁本地下害虫地老虎

图 7-12　辽藁本地下害虫蛴螬

2. 发生规律

地老虎喜欢在黏湿的土地生活，以老熟幼虫在地下 2~17 cm 处筑土室越冬，幼虫一般有 6 个龄期，4 龄以后进入暴食期。成虫对黑光灯和糖醋液有较强趋性，并有季节性长距离迁飞的特性。地老虎多从地面上咬断幼苗茎基部（根茎结合部），使植株死亡，造成缺苗断垄。

蛴螬一般 1 年发生 1 代，少数种类 2 年发生 1 代，以老熟幼虫或成虫在地下 30~40 cm 处越冬。幼虫共 3 龄，1~2 龄历期较短，3 龄历期最长。初孵幼虫以腐殖质为食，之后取食中药材植株根系、块根和根茎，蛴螬对中草药的为害主要在春秋两季。

3. 防治方法

采用农业防治与物理防治、生物防治相结合，播种期防治与生长期防治相结合，防治幼虫与防治成虫相结合的方法，把各种防治方法协调起来，因地制宜地开展综合防治。

（1）农业防治。实行深耕多耙，轮作倒茬；合理使用肥料，不施未经腐熟的有机肥；消灭地边、荒坡、沟渠等处的地下害虫及其栖息繁殖场所。

（2）物理防治。灯光诱杀，即利用害虫趋光性，在成虫产卵前期大量出土取食交配时机，在晴朗、微风、无月光的夜晚进行黑灯光诱杀。

（3）生物防治。在地中挖沟，将白僵菌（100 亿孢子/g）按照 500 g/亩拌土撒入沟中，也可将绿僵菌（100 亿孢子/g）按照 400 g/亩撒在地里，或者将苏云金芽孢杆菌（有效活菌数 100 亿/g）按照 150 g/亩灌根、喷雾，对地老虎、蛴螬等地下害虫的防治效果较好。

四、采收初加工技术

（一）种子采收

10 月中旬，辽藁本种子开始成熟。由于辽藁本种子不是同一时间成熟，因此要成熟一批采收一批，随熟随采，防止果瓣自然开裂使种子落地。采摘时要将整个花序摘下，进行晾晒，将晒干后的花序用力在地上摔打，把种子抖落出来，进行清选。挑出秸秆、杂草等杂物，放在阴凉、通风、干燥处保存。

（二）嫩茎采收

辽藁本嫩茎（图 7-13）作为蔬菜采收，在植株生长到 15~20 cm 时，将地上茎距离地面 2 cm 处的位置用刀横向割下，去除老叶后捆成小捆，进行分级处理后用于直接销售或者在 5 ℃冷库中存放。辽藁本一般移植后 1~2 年嫩茎的质量较好，每年可以采菜 2~3次，但是移植后 3~4 年的嫩茎质量有所下降，可以留作药材销售。

（三）根茎采收与初加工

辽藁本是多年生草本植物，一般移栽 3 年以后采收、加工的经济效益最高。如遇严重干旱等自然灾害，长势不好，可以推迟一年采收。一般在10月中下旬，辽藁本已经停止生长，地上茎叶部分枯萎后，便可以进行收获。收获前先用镰刀割去地上茎叶部分，然后将地下根茎（图7-14）挖出来，洗净泥土，晾晒或者烘干，作为药材进行销售。

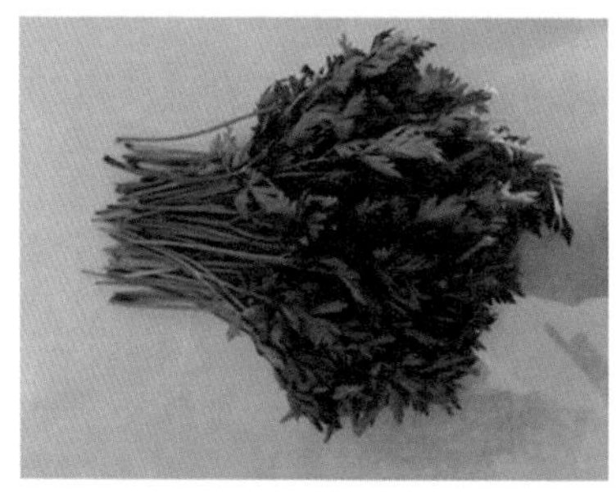

图7-13　辽藁本的食用嫩茎

图7-14　辽藁本的药用根茎

本章参考文献

[1] 国家药典委员会.中华人民共和国药典:2020年版　一部[M].北京:中国医药科技出版社,2020.

[2] 何运转,谢晓亮,刘廷辉,等.中草药主要病虫害原色图谱[M].北京:中国医药科技出版社,2019.

[3] 鞠文鹏.辽藁本人工栽培技术[J].中国林副特产,2015(3):56-57.

[4] 李俊,姜学仕,魏征,等.抚香叶芹1号繁殖栽培技术[J].中国林副特产,2018(6):56-57.

[5] 李雪.辽藁本DNA条形码鉴定及规范化种植技术研究[D].北京:中国农业大学,2015.

[6] 刘莹,李旭,孙文松.辽藁本常见病虫害及综合防控技术[J].

园艺与种苗,2021,41(4):35-36.

[7] 曲晖,郝家臣,刘振盼.辽东山区林下人参生态种植及抚育管理技术[J].山西林业科技,2023,52(1):43-44.

[8] 三七林下生态种植技术[J].云南农业,2023(1):48-50.

[9] 万修福,杨野,康传志,等.林草中药材生态种植现状分析及展望[J].中国现代中药,2021,23(8):1311-1318.

[10] 颜廷林,聂俊影.辽藁本栽培技术[J].新农业,2008(11):20-21.

[11] 张晔,冷杨.以道地药材生态种植 推进中药材产业高质量发展[J].农村工作通讯,2023(13):51-52.

[12] 赵桂敏,姜学仕,王侠.辽藁本高效栽培[J].特种经济动植物,2011,14(3):38-39.

[13] 赵奇,傅俊范.北方药用植物病虫害防治[M].沈阳:沈阳出版社,2009.

[14] 赵伟.辽藁本栽培技术研究[D].长春:吉林农业大学,2007.

[15] 朱有昌.东北药用植物[M].哈尔滨:黑龙江科学技术出版社,1989.

第八章　辽五味子

五味子始载于《神农本草经》，列为上品，是木兰科植物五味子［*Schisandra chinensis*（Turcz.）Baill.］的干燥成熟果实，习称“北五味子”，素有“辽五味子”之称，主要分布在辽宁省东部山区。在秋季果实成熟时进行采摘，晒干或蒸后晒干，除去果梗和杂质。其具有收敛固涩、益气生津、补肾宁心的功效，主治久咳虚喘、梦遗滑精、遗尿尿频、久泻不止、自汗盗汗、津伤口渴、内热消渴、心悸失眠等症。

辽五味子是多年生落叶木质藤本，长达 5 m，全株近无毛。老枝暗灰色，小枝细长、呈红褐色，具有明显的皮孔，稍有棱，表面微开裂，芽为混合芽，长 5 mm，被有数枚暗褐色鳞片，叶互生，有柄，柄长 1 ~3 cm，幼时红色；叶片呈广椭圆形，长 5~10 cm，宽 3~5 cm，质薄，基部楔形，先端锐尖或渐尖，边缘疏生有暗红色腺体的细齿，表面深绿色，无毛，背面淡绿色，有时呈灰白色，幼时沿叶脉有短柔毛。茎及叶内会分泌很多挥发油，具有清香气味。花单性，雌雄同株，乳白色或稍带粉红色，直径 1.5 cm 左右，单生或 2~3 个生于新梢的基部，下垂；花梗细长，长 1.5~2.5 cm；花被片 6~9 片，两轮，长圆形至卵状长圆形，长 8~10 mm，宽 3~4 mm，基部有短爪，外轮者略小；雌花心皮多数，离生，螺旋状排列在花托上，子房略呈倒梨形，无花柱，柱头长扁向，幼时聚呈圆锥状，授粉后花托呈穗状，长 3~10 cm。浆果球形，肉质，成熟时深红色，酸微甜，种子肾形，长约

4.5 mm，宽约3.5 mm，淡橙黄色，有光泽，具有芳香之辣味，种皮坚硬平滑，种仁类白色，富油分。花期5—7月，果期7—10月（图8-1）。

图8-1　辽五味子原植物植株形态

五味子天然分布于我国东北、朝鲜和俄罗斯远东地区。在辽宁省，五味子野生资源集中分布在清原、新宾、西丰、桓仁、凤城、宽甸等地。

一、产业现状

辽五味子是“辽药六宝”之一，辽宁省是辽五味子主产区之一，有十几年的野生栽培历史。清原、新宾、凤城等地是东北地区人工栽培辽五味子较早的地区。目前在辽宁省各地应用的栽培品种，主要以人工野生驯化品种为主、人工选育品种为辅。相关调查数据显示，辽五味子野生驯化品种种植面积为3187.86 hm^2，约占整体种植面积的44.3%。生产上主要应用的人工选育品种有红珍珠、大梨树、早红、巨红、优红、白五味子等。

五味子是应用面较广、用量较大的中药材品种，不仅是中药材中不可缺少的品种，而且在酿酒、制造果汁等方面被广泛利用，是一种经济价值较高、开发前景十分广阔的经济作物。但是由于人为的掠夺式采摘，可利用的五味子资源日益减少，全国五味子年收购干品500 t左右。根据我国中药材市场销售情况和制药、酿酒加工企业的规模，测算年需五味子干品8000 t。五味子除国内有大量需求，向东南亚各国出口量也在不断增加，黑龙江省在20世纪90年代初最高年出口量达1000 t。原料的短缺状况已使一些大中型企业无法组织生产。在解决今后的五味子原料紧缺问题和提高五味子质量方面，除了进一步加大对野生资源的保护力度，进行大面积的栽培是非常重要的途径。

2005年，凤城市大梨树村牵头成立了“辽宁省辽五味种植业协会”，会员遍及辽宁、黑龙江、吉林、内蒙古东部地区；同年，本溪县成立了“本溪县五味子协会”，该协会非常重视五味子生产技术的开发。2006年，在鞍山市人民政府的号召下，成立了“鞍山市五味子产业化发展协会”；2007年，铁岭市成立“辽北五味子中药材开发协会”。这些协会积极利用媒体网络等现代化信息传播平台，发布供应信息，组织会员参加各类农展会，加强与省内外业内人士的交流合作，还赴河北安国、安徽亳州等药材市场联系商家，签订供货合同。经过多年的积极努力，现在协会已经与外地客商建立起比较稳固的销售机制，为会员的生产发展提供了重要保障。

我国东北地区是五味子的主产区，环境、土质非常适合五味子的栽培。五味子栽培后的丰产性、浆果质量和药效成分都有明显提高。利用荒山荒地、林间空地均可进行五味子栽培，在正常的管理条件下，三年生辽五味子平均亩产干果 30 kg，五年生辽五味子亩产可达 120 kg，一年种植可多年收获，经济受益年限可保持 15~20 年，是山区、半山区发展多种经营的好项目。辽五味子规范化大面积的栽培也必将使五味子更多的经济潜力得到发挥，促进医药和加工产业的迅猛发展。

二、生态种植技术

（一）选地与整地

种植辽五味子的土壤宜选择黑钙土、栗钙土及棕色森林土，pH 值呈微酸性。土壤要有通气性好、保水力强、排水良好、腐殖质层厚的特点，以适于其根系发达、生长周期长的特点。地势要平坦，坡度以 20°以下为宜。辽五味子对土壤的排水性要求极为严格，耕作层积水或地下水位在 1 m 以上的地块不宜种植。

园地要选择无环境污染的土地，空气、水质和土壤要符合国家规定标准，同时远离交通干线。图 8-2 所示为辽五味子栽培基地。

图 8-2　辽五味子栽培基地

育苗田需水量较大，但由于长期浇水会使土壤板结，因此要选择地势平坦、水源方便、排水好、疏松肥沃的砂质壤土地块。为不耽误农时和保墒，应在前一年的秋季解冻前进行耕翻耙细，深耕 25~30 cm，结合翻耕施入基肥，每亩施入腐熟农家肥 4~5 t。

播种前做成长度适宜，宽1.2 m、高25 cm的苗床，床面要做到细致平整，如图8-3所示。

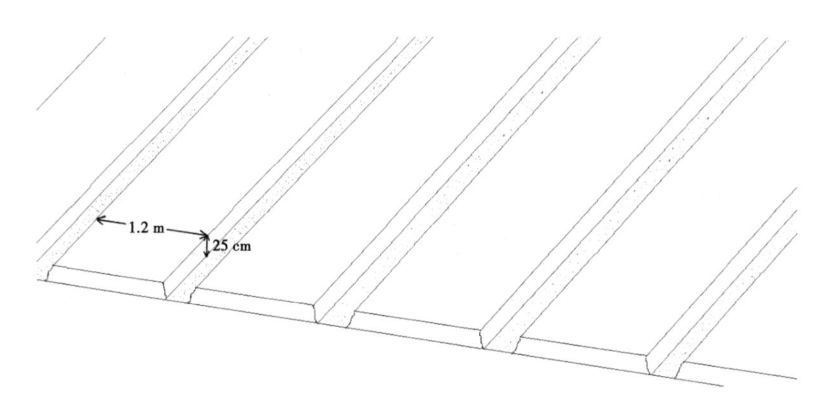

图8-3　辽五味子作畦示意图

辽五味子为多年生植物，对于生产田，一经栽植就要经营几十年，其生长发育所需要的水分和养分绝大部分靠根系从土壤中吸收。辽五味子的根系具有发达、扩展性强、分布较广的特点，栽植时增施有机肥对辽五味子以后的生长发育无疑是非常有益的。有机肥在施用时一定要充分腐熟，以杀灭病原菌、虫卵、杂草种子，防止病虫害发生。在辽五味子生态种植过程中，不要使用无机肥料，无机肥料的大量使用势必造成土壤板结，降低通气性，从而影响根系发育，这对于生长周期特别长的辽五味子来说极其不利。

定植前需平整土地。将所规划园地内的杂草、乱石等杂物清除，填平沟洼及沟谷，使辽五味子园地平整。辽五味子根系分布的深度，会随着土层疏松熟化的深浅而变化。土层疏松深厚的，根系分布也较深，不仅对辽五味子的生长发育有利，也可提高辽五味子对旱涝的适应能力。整地时，一定要深耕，并结合深耕施入有机肥。

（二）育苗技术

1. 种子处理

辽五味子的种子（图 8-4）为深度休眠型，干燥储藏易丧失发芽能力，其休眠的主要原因是胚处于心形胚阶段，分化不完全，形态发育不成熟，因此要进行人工催芽处理。

图 8-4　辽五味子种子形态

9 月上中旬，采收成熟的果实，用清水浸泡 2~3 d 搓去果皮果肉，漂出瘪粒。有些不甚成熟的种子虽然在较短的浸泡时间内不下沉，也能够发芽，但长势较弱。用清水洗净种子，然后将湿润细沙与种子按照 3 : 1 的比例混合，放入室外。12 月中下旬将种子取出放入 5~10 ℃ 的环境中催芽，使沙子的含水量保持在 10%左右，每隔 2~3 周翻倒一次，使种子萌发所需的温湿度保持均匀。辽五味子种子低温层积处理所需的时间为 80~90 d。若处理时间短，则催芽效果不好，出苗率低，不整齐，甚至第 2 年出苗。在低温层积阶段，种子内主要发生的是植物激素含量及各种酶的变化，形态变化较小，只有完成这一系列生理活动后，才能进入 20~25 ℃ 的高温阶段完成形态变化，发育出胚根、胚轴、子叶等。因此，在低温层积阶段可尽量延长一些时间，此期温度低、呼吸作用不旺盛，适当地延长处理时间对种子产生的副作用不大，但需注意在种子催芽后期要控制好温度，避免因温度过高完成形态后熟而提前出芽。

完成生理后熟的种子，可在 4 月中旬置于 20~25 ℃的环境下催芽，一般经过 10~20 d 后，种子大部分开始裂口，即可播种。也可不经过高温阶段直接播种，使种子在田间完成形态后熟，但出苗时间较长。

2. 露地直播

5 月上旬即可进行露地播种。在床面上按照 15 cm 的行距开深度 3~4 cm 的浅沟，每米播种 10~15 g，覆 2 cm 左右的细土，轻轻压平畦面，浇透水。在畦面上覆盖一层稻草或加盖草帘用以保湿，至幼苗出土时揭去。图 8-5 为辽五味子育苗示意图。

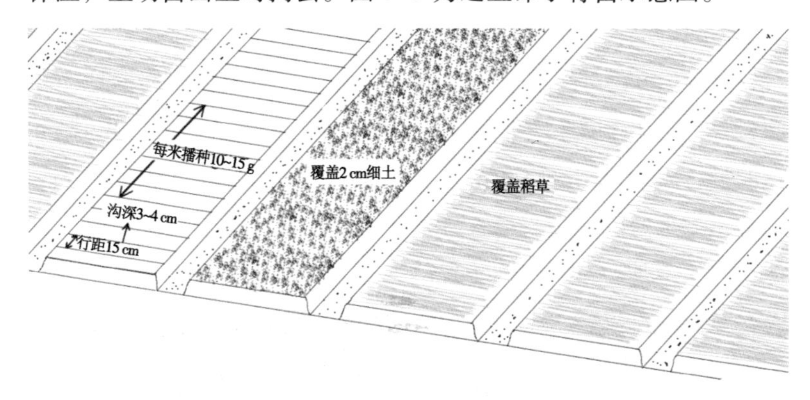

图 8-5　辽五味子育苗示意图

当出苗率达到 50% 时，撤掉遮盖物并随即搭设简易遮阳篷，上盖透光率 30% 左右的遮阳网或帘，有条件的地方 10：00 左右开始实行遮阳，15：00 撤去遮阳网，增加光照，促进生长。8 月下旬以后，光照减弱，温度降低，可不进行遮阳。

出苗前后要保证充足的水分，由于有覆盖物，因此早晚各浇 1 次水。撤除覆盖物后，要经常保持畦面湿润，待真叶长出后，逐渐降低田间水分。

苗期要适时松土除草，见草就除，幼苗长出 3~4 片真叶时，进行间苗和补苗，每行保留25株左右为宜。在7月上旬和8月初进行2次中耕，用细钩或手刨锄在行间深松3~5 cm。

3. 保护地育苗

在无霜期短的地方露地直播的育苗，一般需2年出圃；如果采用保护地育苗，可达到当年育苗当年出圃的目的。

保护地育苗可在4月初进行播种。将细河沙与腐殖土按照1∶3的比例，再加入适量充分腐熟的农家肥（最好是马粪）充分混合装入营养钵内。营养钵育苗土壤的透水性一定要好，否则易成土疙瘩。将催好芽的种子播入营养钵中，覆土2 cm。播种后，要保持适宜的湿度，温度高时要适当遮阳，当温度达30 ℃时要通风降温。

6月上旬要对幼苗进行锻炼，方法是在无风天气逐渐地撤除塑料膜，使其逐渐适应外部环境。栽苗时，用平镐破垄，开15 cm深的沟，施入口肥。将幼苗带土坨按照株距6~10 cm摆在沟中，用细土填平，浇透水，最后封垄。保护地育苗管理方法同露地直播。图8-6所示为辽五味子育苗。

图8-6 辽五味子育苗

（三）无性繁殖

硬枝扦插冬剪时，选择充实、芽眼饱满、无病条的一年生健壮枝蔓，剪成10~15 cm的小段，每50枝捆成一捆，及时用湿润的细沙培于阴凉的地方。当气温降到0 ℃时，进行储藏。在土壤结冻前，选择地势高燥、背风向阳的地方挖储藏沟，沟深0.6~0.8 m，宽1.5 m，沟的长短可视种条的多少而定。储藏沟的四周挖好排水沟，以防止雨水、雪水流入沟内。枝条入沟前，先在沟底铺一层10 cm的洁净细沙，沙的湿度以手握成团、振动能散为宜。枝条可竖放或平放。捆间可留有一定距离，捆与捆、条与条之间填充满湿润细沙。在上端再铺一层10 cm的湿沙，沙上再培20~30 cm细沙，封沟，每隔2~3 m插一把秸秆作通风口，严冬时把通风口封严。

4月上旬将储藏的种条取出，在室温条件下，插条基部3~5 cm处用150 mg/L ABT生根粉1号浸泡6~8 h，或用150 mg/L α-萘乙酸、β-吲哚丁酸浸泡24 h后，用清水冲洗干净即可扦插。插条与床面成45°角。用河沙与山坡土按照3∶1配比混合作扦插基质，做成宽1.2 m、高15~20 cm的扦插床，基部铺设农用电热线，温度保持在25 ℃。扦插基质要保持适宜的湿度。

嫩梢于5月初扦插，将长5~10 cm的辽五味子新梢基部浸蘸1000~2000 mg/L α-萘乙酸1~2 min，按照5 cm×10 cm的密度垂直扦插。扦插床上层为5~7 cm的细河沙，下层为营养土。扦插苗生根前保持湿润，温度保持在25 ℃左右，大约45 d可生根。

根蘖苗繁殖在栽培园中进行，三年生辽五味子可产生大量的横走茎，分布在地表以下10~15 cm的土层中，5—7月横走茎上的芽产生大量的根蘖。在嫩梢高10~15 cm时，用横镐将横走茎刨出，用剪子剪出带根系的幼苗，按照10 cm的株距破垄栽植于准备好的苗圃中。如果晴天栽植，对幼苗应适当遮阳，2~3 d后撤除遮阳物。

压条繁殖在春季新梢长至10 cm左右时进行。首先在准备压条的母株旁挖深15~20 cm的沟，将一年生成熟的枝条用V形树杈固定压于沟底，先填入 5 cm 左右的土；当新梢长至 20 cm 以上且基部半木质化时，再培土与地面持平。秋季将压下的枝条挖出并分成单株。

（四）移栽技术

1. 种苗的起挖与储藏

保护地和无霜期较长的地区可一年出圃。

在前一年的落叶后至土壤结冻前完成起苗出圃工作。起苗时，应尽量减少对植株特别是根系的损伤，保证苗木完好。对于起出的苗木，应先将枝蔓不成熟的部分和受伤的根系剪除，然后尽快放在阴凉处假植，禁止长时间暴露于空气中（以免风干枝条），当土壤解冻时进行沟藏。

在土壤结冻前，选择地势高燥、背风向阳的地方挖储藏沟，沟深 0.6~0.8 m、宽 1.5 m，沟的长短可视种条的多少而定。储藏苗木必须在沟内土温降至 2 ℃左右时进行，时间一般为 11 月下旬至 12 月上旬。储藏苗木时，先在沟底铺一层厚 10 cm 湿润的细沙，把捆好的苗木在沟内横向摆放，摆放一行后用河沙将苗木根系培好，再摆下行，以此类推。苗木摆放完后，用湿细沙将苗木枝蔓培严，与地面持平，最后盖土成拱形，以防雨雪水灌入。

2. 栽植技术

辽五味子适宜春季栽植。当气温达 6~10 ℃、地表以下 50 cm 土层化透时，即可栽苗，具体时间一般在 4 月下旬。对于没有来得及假植的苗木，也可在第 2 年芽萌动后进行移栽，浇足水分，一般要避免在伤流期进行移栽。

苗木经过冬季储藏，可能会出现含水量不足的情况。为了有利于萌发和发根，移栽前要把苗木浸泡 12~24 h。

在准备好的土地上确定栽植的行距和方向。如果采用单壁篱架，行的方向最好为南北方向，行距 1.8~2.0 m；如果采用半棚式架，行的方向最好为东西方向，行距 3.5~4.0 m。在栽植的行先挖一个定植沟，定植沟宽 0.7~1.0 m、深 0.6~0.8 m。将挖出的上层土壤单独放置，与充分腐熟的农家肥或落叶腐质肥充分混合后回填，再把后挖出的低层土回填在上面，确保辽五味子在多年生长过程中土壤通气和养分充足。回填过程中，要分 2~3 次踩实回填土。挖定植沟最好在前一年秋季进行，以使土壤下沉结实，易于掌握移栽深度。

在定植沟上，按照株距 0.75~1.00 m 挖直径 40 cm、深 25 cm 的坑，踩实，加入充分腐熟的有机肥，使其离地面 10~15 cm。把选好的苗木放在穴的中间，使根系向四周展开，埋入一些土，轻轻抖动苗木，让根系与土壤接触，把土填平踩实，围绕苗木做一个圆形浇水坑，灌透水。移栽时，一定要注意各枝竖直成行、深浅一致。

（五）辽五味子的搭架方式

辽五味子是一种多年生蔓生植物，枝蔓细长而柔软。在野生条件下，辽五味子枝蔓需依附、左旋缠绕其他树木向上生长。在人工栽培条件下，如果不进行搭架，枝叶既不能在空间上合理分布，也不能获取充足的光照和良好的通风条件，还不便于一系列的田间管理。

辽五味子栽培可采用单壁篱架和半棚式架（图 8-7）。架柱可采用水泥架柱和木架柱。辽五味子的生育期很长，生产中最好使用水泥架柱，水泥架柱耐用但较昂贵；木架柱在我国东北地区来源充足，而且比较便宜。木架柱要使用柞木、水曲柳木、榆木、槐木、黄柏木等硬木。入土部分用火烤焦并涂以沥青，以提高其防腐性，延长使用寿命。当老的立架入土部分腐朽后，可在原地再埋入一根立架，将原来未腐烂的地上部分绑缚其上。

(a) 单壁篱架

(b) 半棚式架

图 8-7 辽五味子两种搭架方式

单壁篱架架柱小头为直径 8~12 cm、长 260 cm 的木杆。在栽培行上埋置架柱，水泥架柱之间距离一般为 6 m，木架柱为 4 m，深度 60 cm，边培土边夯实。所埋架柱要竖成列、横成行。在两架柱间横向设置 3 道架线，分别距地面 0.6，1.2，1.8 m。一般多年生辽五味子可攀缘 4 m 以上的高度，单壁篱架不能满足五味子的空间要求。

半棚式架要求辽五味子东西成行，架的方向为东西走向。按照单壁篱架的方式在栽培行上埋置架柱和设置架线，柱高 1.7~1.8 m。再在北侧 20 m 处按照同样的方法埋一行架柱，高度 2.0 m，两根架柱南北对应，上钉一个横梁。两横梁间横向设置 3 道架线，间距 0.6~0.7 m。半棚式架可使辽五味子枝条和叶片在南面和上面两个空间面分布，能在一定程度上缓解其植株上强下弱、结果部位上移的问题，但对低龄辽五味子来说会浪费土地资源。

（六）田间管理

1. 立架杆

辽五味子定植当年生长量不大，株高一般 0.5 m 左右，但第 2 年生长高度在 1.3 m 以上。辽五味子枝蔓柔软，不能直立，需依附立架杆向上生长。立架杆（图 8-8）一般在第 2 年春季进行。架杆宜选用竹竿或榛木条，杆长 2.0~2.2 m，上端直径 1.5~2.0 cm，每株 2 根，分别插在植株的两侧，上端固定在三道架线上。株距 0.7 m 时立架杆间距为 0.35 m，株距 1 m 时立架杆间距为 0.5 m。

图 8-8　辽五味子立架杆

2. 整形

整形就是通过人为的干涉和诱导，充分利用架面空间，有效地利用光能，合理地利用枝蔓，调节营养生长和生殖生长的关系，培育出健壮而长寿的植株，从而达到高产、稳产和优质的目的，同时便于耕作、病虫害防治、修剪和采收等作业。

辽五味子采用的树形为两组主蔓的无主干形整枝方式，即植株两侧的每个竹竿上保留 2~3 个固定主蔓，主蔓上着生侧蔓、结果母枝、结果枝及营养枝。这种整形方式的优点是树形结构简单，整形修剪技术容易掌握；不需要过多的引缚，管理省工；株行间均可进行操作，便于防除杂草；植株体积及负载量小，对土、肥、水条件要求不严格。缺点是植株较直立，易出现上强下弱、结果部位上移的情况。

在整形过程中，需要特别注意主蔓的选留，要选择生长势强、生长充实、芽眼饱满的枝条作为主蔓。同时，要严格控制主蔓的数量，因为主蔓过多会造成树体衰弱、枝组保留混乱等不良后果。

3. 修剪

修剪的目的在于保持良好的树形，以便于进行各种管理工作，使结果母枝在植株上合理分布，调节枝叶密度，科学利用架面空间，挖掘结果潜力，做到丰产、稳产和优质。修剪根据时间的不同可分为冬剪和夏剪。

冬剪可在落叶后至春季伤流期前进行，伤流期修剪会对树的长势造成很大的影响，而长势弱会降低产量。

修剪时，对不同的枝条，可根据树的长势分别留 1~2 个芽眼（超短梢修剪）、3~4 个芽眼（短梢修剪）、5~7 个芽眼（中梢修剪）、8 个及以上芽眼（长梢修剪）。辽五味子以中、长梢修剪为主或仅经长梢修剪，因为辽五味子雌花在枝条上第 4，5 个芽以后才开始出现。修剪时，剪口离芽眼 2~2.5 cm，离地面 30 cm，同时要清除辽五味子架子表面残余枝条。

枝蔓未布满架面时，对主蔓长枝只剪去未成熟的部分，对侧蔓的修剪以中、长梢为主，间距 15~20 cm，叶丛枝可进行适当的修剪或不剪。

对上一年剪留的中、长枝，要及时回缩，只在基部保留一个叶丛枝或中、长枝。为适当增加留芽量，可在侧枝上剪留 2 个结果枝。

上一年结果较多的枝条，其上多数节位形成的是叶丛枝，因此修剪时要在下部找到可以替代的健壮枝条进行更新。当发现某一主蔓衰老或结果部位过度上移而下部秃裸时，应从地面出土的健壮基生枝中选择后备更新枝。

进入成龄后，在主、侧枝的交叉处，往往有发育良好的较大基芽，大多能够抽出健壮的枝条，应有效地利用。

夏季架面管理主要是把主蔓引缚到立架杆上，对于过长或结果量大的侧蔓也要进行引缚，过长的侧蔓可留 10 节左右进行摘心。

生长季节可萌发较多的萌蘖枝，萌蘖枝主要攀附架的表面，造成架面透光不良，因此及时清理萌蘖枝，保证正常光照和减少营养竞争。

针对辽五味子栽培种植过程中老枝产量较低、易患病等问题，辽宁省经济作物研究所提出辽五味子轻简化剪枝技术（图 8-9，图 8-10），由于辽五味子结果习性与其他果树截然不同，其果实 90%以上都着生在前一年萌发的新枝蔓上，并且新枝蔓也只能集中结果一次，以后每年结果极少，因此辽五味子结果枝每年都应更新，就此提出隔年平茬技术。在辽五味子园第 1 次大量结果并采收后，秋季机械化隔垄平茬地上部要求茬口与地面平行，平茬垄下一年只进行营养生长，第 2 年结实；未平茬垄下一年结实，第 2 年平茬，以此类推隔垄交替修剪，保证年结果株数。

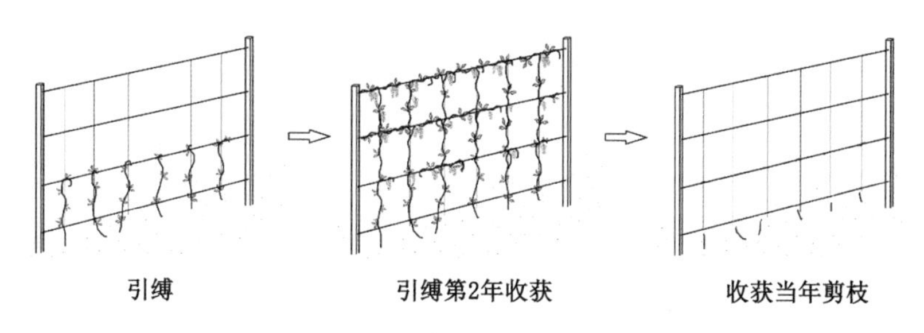

图 8-9　辽五味子轻简化剪枝示意图

4. 施肥

辽五味子为须根系植物，在土壤中扩展性较强，只有良好的通气性和肥沃的土壤才能使植株健壮生长，增强代谢作用，增强

图 8-10　辽五味子轻简化剪枝应用案例

树势，提高单位面积产量和果实品质，因此有机肥特别适合辽五味子根系生长。无机肥发挥肥效的时间短，大量使用易造成土壤板结，对于生长周期很长的辽五味子来说，不宜大量使用。幼龄园在架两侧距植株 0.5 m 处隔年进行，成龄园进行行间开沟施肥，沟宽0.4 m、深0.4 m。把有机肥与土壤充分混拌，增加地供应面，能促进肥料发挥作用。

在植物生长的关键期（如 7 月中下旬至 8 月上旬浆果膨大期、花芽分化期），各器官均进行快速生长，适时叶面施肥，对于保证植株的正常生长和丰产、稳产具有积极的意义。

5. *灌溉*

辽五味子耐旱性较强，选用背阴坡进行栽培，即使全年不进行灌溉一般也能获得较高的产量。但是我国东北地区春季雨量较少，容易出现旱情，而辽五味子在萌芽期、新梢迅速生长期和浆果膨大期对水分反应特别敏感。生长前期缺水，会造成萌芽不整齐、新梢和叶片短小、坐果率低，对当年产量有严重影响。因此，有条件的地区，要在辽五味子萌芽期、始花期和浆果膨大期土壤干旱时进行浇灌，其中开花前后的一段时间尤为重要。

辽五味子架面较高，喷灌使用不甚方便，可采用沟灌。灌溉后的几天内暂停其他田间管理，以免践踏使土壤板结。进入雨季前，要清理好排水沟，严防田间积水。

6. 中耕除草

夏季根据草害的发生程度进行几次除草，尽量防止杂草种子成熟，给以后田间管理造成不便。对于板结的地块，可用 4 齿叉插入土壤 10 cm 左右轻轻晃动，松动土壤，要避免伤害根系。土壤严重干旱时不宜进行除草。

秋季果实采收后，要进行全园深耕，深度 20~25 cm，此项工作一般在 9 月下旬完成。

由于辽五味子的地下横走茎每年的生长量特别大，而且会发生大量的萌蘖，与结果枝条的发育和果实的生长强烈地竞争营养，因此辽五味子在栽培中必须清除萌蘖枝和地下横走茎。

辽五味子地下横走茎分布在 5~15 cm 深的土壤中，较易除去，可结合秋季深耕或休眠期的其他阶段进行，但不可在伤流期进行。由于辽五味子根系分布较浅，应注意保护根系。切断的横走茎要彻底从地下取出，以免它的不定根从地下吸收水分和营养而继续生长。

萌蘖主要在 5 月中下旬至 8 月中旬大量发生，做到随发现随清除，不仅可以减少养分消耗，而且便于架面的管理。在去除萌蘖时，对于衰弱的植株要注意选留旺盛的萌蘖枝作预备枝，并做标记，以防下次除萌蘖枝时被拔除。

三、病虫害及气象灾害防治技术

辽五味子栽培中常见的病害有茎基腐病、叶枯病、白粉病，虫害主要有柳蝙蛾，气象灾害主要有霜冻。

（一）茎基腐病

1. 症状

辽五味子茎基腐病在各年生辽五味子上均有发生，但以一至三年生辽五味子发生严重。茎基腐病一般从茎基部或根茎交接处开始发病（图 8-11）。发病初期叶片开始萎蔫下垂，似缺水状，但不能恢复，叶片逐渐干枯，最后地上部全部枯死。在发病初期，剥开茎基部皮层，可发现皮层有少许黄褐色；发病后期病部皮层腐烂、变深褐色，且极易脱落。湿度大时，可在病部见到粉红色或白色霉层，挑取少许进行显微观察，可发现有大量镰刀菌孢子。

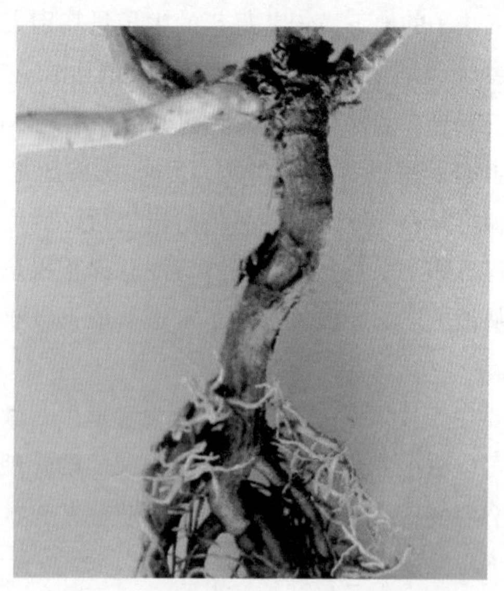

图 8-11　辽五味子茎基腐病症状

2. 发生规律

茎基腐病以土壤传播为主。一般在5月上旬至8月下旬均有发生，5月初病害始发，6月初为发病盛期。高温、高湿、多雨的年份发病重，并且雨后天气转晴时，病情呈上升趋势。冬天持续低温造成冻害，易导致翌年病害严重发生。生长在积水严重的低洼地中的辽五味子容易发病。

3. 防治方法

（1）田间管理。注意田园清洁，及时拔除病株并集中烧毁；适当施有机肥及生物菌肥，提高植株抗病力；雨后及时排水，避免田间积水；避免在前茬镰刀菌病害严重的地块种植辽五味子。

（2）种苗选择。移栽时选择健康无病的种苗。

（二）叶枯病

1. 症状

辽五味子叶枯病主要为害叶片（图8-12）。根据叶片上不同的始发部位及病斑大小，可将其分为以下2类。

图8-12　辽五味子叶枯病症状

（1）一般先由叶尖或边缘开始发病，然后扩向两侧叶缘，再向中央扩展，逐渐形成褐色的大斑块；随着病情的进一步加重，症状逐渐从下位叶片向上位叶片发生，病部颜色由褐色变为黄褐色；病害发展到一定程度时，病叶干枯破裂而脱落，果实萎蔫皱缩。

（2）在叶片表面产生许多近圆形或不规则形的褐色小斑，后期小斑相互融合成不规则的大斑，其症状特点常因辽五味子的品种不同而有所差异。

2. 发生规律

叶枯病多在 5 月下旬开始发生，6 月下旬至 7 月下旬为发病高峰期。高温高湿是病害发生的主导因素，结果过多的植株和夏秋多雨的地区或年份发病较重；同一园区内地势低洼积水及喷灌处发病重。

3. 防治方法

加强栽培管理，注意枝蔓的合理分布，避免架面郁闭，增强通风透光。适当补充有机肥、微生物菌剂，有利于提高植株的抗病力。

（三）白粉病

1. 症状

辽五味子白粉病为害叶片、果实和新梢，其中以幼叶、幼果被为害最为严重（图 8-13）。该病通常可造成叶片干枯、新梢枯死、果实脱落。病菌一般先从幼叶开始侵染，叶背面出现针刺状的斑点，逐渐上浮白粉，严重时扩展到整个叶片。病叶由绿变黄、向上弯曲，逐渐枯萎而脱落。

2. 发生规律

幼果发病先是靠近果皮穗柄，然后病果出现萎蔫、脱落，在果梗和新梢上出现黑色病斑。其病原菌属于子囊菌亚门，分生孢子

图 8-13　辽五味子白粉病症状

在4~7 ℃时即可萌发，萌发的最适温度为25~28 ℃。高温干旱的条件易于发病。在我国东北地区，发病始于5月下旬至6月初，6月下旬达到盛期。枝蔓过密、徒长、氮肥施得过多和通风不良易于此病的发病。

3. 防治方法

（1）加强栽培。通过修剪改善架面通风透光条件，提高植株的抗病力，增强树势。

（2）清除菌源。萌芽前清理病枝病叶，发病初期及时剪除病穗，拣净落地病果，并集中烧毁或深埋，能减少病菌的侵染来源。

（四）柳蝙蛾

柳蝙蛾为鳞翅目蝙蝠蛾科昆虫（图 8-14），寄生于辽五味子及多种果木树林。

1. 形态特征

卵，球形，直径0.6~0.7 mm，初产时乳白色，稍后变成黑色，微具光泽。幼虫，头部脱皮呈红褐色，以后变成深褐色，胴

图 8-14　柳蝙蛾蛹及成虫

部污白色；圆筒形，体具黄褐色瘤突；体长一般为 44～57 mm，大者达70 mm 左右。蛹，圆筒形，黄褐色，头部深褐色，中央隆起，形成一条纵脊，两侧生有数根刚毛，腹部着生数列倒刺，形成突起状，可以在虫道内上下蠕动。成虫，体长 35～44 mm，翅展 70 mm 左右，雄性较雌性色深，初羽化成虫由绿褐色到粉褐色变成茶褐色，触角短，线状，后翅狭小，腹部长大；前翅前缘有 7 枚近环状的斑纹，中央有一个深色稍带绿色的三角斑纹，斑纹外缘有 2 条宽的褐色斜带；前中足发达，爪较长，雄蛾后足腿节背面密生橙黄色刷状长毛，雌蛾则无；飞翔能力较弱，一般在 20 m 左右。

2. 为害特征

幼虫为害枝条，把木质部表层蛀成环形凹陷坑道，致受害枝条生长衰弱，易遭风折，发病重时枝条枯死。

3. 发生规律

在辽宁 1 年生 1 代，少数 2 年生 1 代，以卵在地上或以幼虫在枝干髓部越冬。翌年 5 月开始孵化，6 月中旬在林果或杂草茎中为害，8 月上旬开始化蛹，8 月下旬羽化为成虫，9 月进入盛期。成虫昼伏夜出，卵产在地面上。初孵幼虫先取食杂草，后蛀入茎内为害，6—7 月转移到附近木本寄主上，蛀食枝干。

4. 防治方法

（1）加强田间管理，及时清除园内杂草，并集中深埋或烧毁，增强树势。提高辽五味子植株的抗虫和耐虫性，破坏越冬卵的生活环境。

（2）用清水灌注虫道迫使幼虫爬出后捕杀；在幼虫及蛹期，用细铁丝沿虫道插入，直接触杀。

（3）5 月下旬枝干涂白防止受害，及时剪除被害枝条。

（4）利用柳蝙蛾成虫的趋光性，在 8 月初设置太阳能频振灯诱杀成虫。

（五）霜冻

1. 症状

在东北，辽五味子产区每年都会发生不同程度的冻害，轻者枝梢受冻，重者可造成全株死亡。受害叶片初期表现为不规则的小斑点，随着时间的延长，斑点相连，发展成斑驳不均的大斑块，使叶片褪色、叶缘干枯。发病后期幼嫩的新梢严重失水萎蔫，组织干枯坏死，叶片干枯脱落，树势衰弱。

2. 发生规律

3—5 月为冻害的发生高峰期。在辽东山区每年 5 月都有一场晚霜，此间辽五味子受冻极其严重。不同的辽五味子品种的耐寒能力有所不同，成熟期越早的品种耐寒能力越弱，减产幅度也越大；树形、树势与冻害也有一定关系，弱树受冻比健壮树严重；枝条越成熟，耐寒能力越强。土壤湿度较大，实施喷灌的辽五味子园受害较轻；未浇水的园区则受害严重。

3. 防治方法

（1）科学建园。选择向阳缓坡地或平地建园，避开霜道和沟谷，以避免和减轻晚霜危害。

（2）地面覆盖。利用玉米等作物的秸秆覆盖辽五味子根部，阻止土壤升温，推迟辽五味子展叶和开花时期，避免晚霜为害。

（3）烟熏保温。在辽五味子萌芽后，要注意关注当地的气象预报，在有可能出现晚霜的夜晚且气温下降到 1 ℃时，点燃堆积的潮湿树枝、树叶、木屑、蒿草，上面覆盖一层土以延长燃烧时间。放烟堆需在果园四周和作业道上，要根据风向在上风口多设放烟堆，以便烟气迅速布满果园。

（4）喷灌保温。根据天气预报，采用地面大量灌水、植株冠层喷灌保温。

四、采收初加工技术及商品规格

辽五味子如果采收过早，加工成的干品色泽淡、无光泽、质地硬，将会大大降低其商品性；采收过晚，果粒易脱落、不耐挤压，果肉易破而结块，外观性状不好。一般在 9 月上中旬采收，此时辽五味子外观呈红色或紫红色，色泽鲜艳。

选择晴天采收，在上午露水消失后即可进行。用剪子剪断果柄，放入筐内。采收时，应尽量排除非药用部分，尤其注意杂草及辽五味子落叶的混入。采收后，应尽快进行初加工或晾晒（图 8-15），否则鲜果积压产生的乙烯不能及时散发，容易导致果肉变软、液化，果皮破后会引起果实黏结成块，降低商品质量。

图 8-15　辽五味子产地初加工

据研究，阴干或在 55 ℃条件下烘干，辽五味子的有效成分木脂素含量最高。较高温度下加工出的商品，不仅有效成分有所降低，而且色泽变深。

辽五味子的干品以紫红色、粒大、肉厚、有油性及有光泽者为最佳（图 8-16）；种子有香气、干瘪粒少、无枝梗、无杂质、无虫蛀、无霉变者为最佳。

图 8-16　辽五味子药材商品

辽五味子一等商品要求：呈不规则球形或椭圆形。表面紫红色或红褐色，皱缩，肉厚，质柔润。内有肾形种子 1~2 粒。果肉味酸，种子有香气，味辛微苦。干瘪粒不超过 2%，无枝梗、杂质、虫蛀、霉变。

辽五味子二等商品要求：呈不规则球形或椭圆形。表面紫红色或红褐色，皱缩，肉较薄，质柔润。内有肾形种子 1~2 粒。果肉味酸，种子有香气，味辛微苦。干瘪粒不超过 20%，无枝梗、杂质、虫蛀、霉变。

本章参考文献

[1] 刘桂梅.北五味子人工栽培管理技术[J].特种经济动植物,2022,25(12):102-104.

[2] 李国英.中药材五味子栽培管理技术[J].河北农业,2022(5):73-74.

[3] 赵奇,傅俊范.北方药用植物病虫害防治[M].沈阳:沈阳出版社,2009.

[4] 何运转,谢晓亮,刘廷辉,等.中草药主要病虫害原色图谱[M].北京:中国医药科技出版社,2019.

[5] 周如军,傅俊范.药用植物病害原色图鉴[M].北京:中国农业出版社,2016.

[6] 李旭,李玲,张天静,等.不同采收期和加工方式对五味子成分的影响[J].中药材,2020,43(9):2108-2111.

第九章　辽细辛

辽细辛，别名东辽细辛［*Asarum heterotropoides* F. Schmidt var. *mandshuricum*（Maxim.）Kitag.（Aristolochiaceae）］，为马兜铃科细辛属多年生草本植物，具特异辛香气味，根入药。其具有解表散寒、祛风止痛、通窍、温肺化饮等功效，临床上常用于治疗风寒头痛、痰饮咳喘、关节疼痛、鼻塞、牙痛等症。

辽细辛是多年生草本植物（图 9-1），根茎横走，直径约 3 mm，根细长，直径约 1 mm。叶卵状心形或近肾形，长 4~9 cm，宽 5~13 cm，先端急尖或钝，基部心形，两侧裂片长 3~4 cm，宽 4~5 cm，顶端圆形，叶面在脉上有毛，有时被疏生短毛，叶背毛较密；芽苞叶近圆形，长约 8 mm。花（图 9-2）紫棕色，少数紫绿色；花梗长 3~5 cm，花期在顶部呈直角弯曲，果期直立；花被管壶状或半球状，直径约 1 cm，喉部稍缢缩，内壁有纵行脊皱，花被裂片三角状卵形，长约 7 mm，宽约 9 mm，由基部向外反折，贴靠于花被管上；雄蕊着生于子房中部，花丝常较花药稍短，药隔不伸出；子房半下位或几近上位，近球形，花柱 6 个，顶端 2 裂，柱头侧生。果半球状，长约 10 mm，直径约 12 mm。花期 5 月。辽细辛产于黑龙江、吉林、辽宁，生于山坡林下、山沟土质肥沃而阴湿地上。

辽细辛的主要成分为细辛脂素和挥发油，有效成分含量主要集中在根部，采收时间以 9 月中旬最佳。

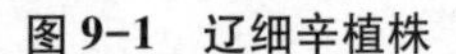

图 9-1　辽细辛植株

图 9-2　辽细辛花

一、产业现状

辽细辛是著名的东北道地中药材，应用历史悠久，需求刚性强。除了药用，辽细辛在化工业方面应用也逐渐广泛，常用于靶向药物、日用品、香精、杀虫剂、绿色农药等产品开发。其需求量的增加促进了种植面积扩大，但近年来辽细辛药材商品质量却呈逐年下降的趋势。按照以前的统计，华细辛和辽细辛在 20 世纪 80 年代的总用量在 700 t，其中华细辛占 60%。但目前市场以辽细辛销售为主，辽细辛根的年需求量为 500 t 左右。因多年滥采乱挖，野生资源储量及其生存环境均遭到严重影响和破坏，产量日益下降，影响中医临床用药，因此，发展人工栽培辽细辛既能充分利用土地和环境资源，又能在较短时间内增加产量、提高收益。

辽宁省是辽细辛的主要产地，栽培历史悠久，主产区主要集中在抚顺市新宾满族自治县，该县辽细辛种植面积达 1800 hm^2，年综合产值达 3 亿元。但其产业发展过程中还存在诸多问题：一是主栽区的品种以野生驯化的品种为主，几乎没有人工选育的品种，由于连年种植，种栽品质退化成为各地存在的问题；二是辽细辛规范化种植普及率较低，虽然国家已颁布有关的质量标准，但现有辽细辛种植标准仍缺乏完整性与系统性，生产者缺乏无公害意识，且缺少强制性的管理手段；三是生产中存在连作障碍、农药使用等较多问题，使辽细辛药材生产达不到优质稳产、质量可控；四是辽细辛种植中需要大量的劳动力，但是药材种植区的多数年轻劳动力进城务工，使劳动力更为短缺，不能及时进行田间管理，造成药材品质下降，产量也降低；五是辽宁省辽细辛市场主要以原料及饮片为交易商品，产品交易停留在低端层次，利润低，极大地影响了药农种植的积极性。

针对存在的问题，辽宁省经济作物研究所中药材团队正在稳步进行辽细辛生态种植试验、示范、推广。

二、生态种植技术

（一）选地与整地

辽细辛喜湿润温凉的环境，栽培地块要选择含腐殖质丰富、排水良好的壤土或砂质壤土，最好选择在阔叶林的林缘、林间空地、山脚下溪流两岸平地，也可选择撂荒地、种过人参的参床或农田。选择其他地块时，要选择土层深厚且土质疏松的地块，保证山坡的坡度在15°以下，以利于辽细辛在生长过程中的水土保持。种植地应距公路主干道或铁路500 m以上，且远离居民区、重工业区和医院，周围无金属或非金属矿山及其他外源污染。此外，最好选择运输方便，临近水源、易排易灌，便于机械化、集约化和规范化生产的基地。

1. 山地

山地种植应选择15°以下缓坡荒山或耕地，以北坡或东北坡为宜，由下而上开垦，每隔50～60 m设隔离带（宽10～15 m），防止水土流失，清除灌木杂草，耕翻深度为20～25 cm，清除树根、石块等杂物，耙细整平。

2. 林下地

林下地选择生长椴树、桦树、枫树、柞树、槐树、曲柳等阔叶或针阔混交林下，灌木和草本植物生长稀疏的地方。坡向为北坡、东坡和东北坡，坡度15°以下。畦作时由下向上开垦，每隔50~60 m设隔离带（宽10~15m），清除林下灌木杂草，耕翻深度为20 cm，清除树根、石块等杂物，耙细整平。

3. 农田

农田地前茬作物以豆科、禾本科为宜。选地后先清理地上秸秆，再进行灭茬，最后耕翻耙细。

4. 参后地

利用参后地种植辽细辛，以选择15°以下缓坡参后地和农田参后地为宜。施用过有机氯农药的参后地，需经土壤降残处理，达标后方可使用。利用山地参后地种植辽细辛，收参前将参帘和塑料撤除，棚架不动，收参时将畦土按照原畦堆放；利用农田参后地种植辽细辛，收参前将棚架拆除集中堆放，收参后先将畦间距耕翻，再用畦床土将畦间距填平，重新作畦。

选择林地栽培辽细辛时，以山脚排水好的林缘或灌木丛生的荒地、平坦的老参地为佳。育苗时，要选择地势平坦且树木稀疏的阔叶林地；同时要将林地边缘或林下育苗床的树木砍掉，目的是给辽细辛生长提供充足的空间和光照。此外，要将育苗床进行放宽处理，且育苗床之间要留有树木。对于育苗床间的近密树木，要进行修冠处理。这样能在节省人力、物力的基础上利于水土保持。

总之，种植辽细辛的土壤宜选择土质肥沃、腐殖质层深厚、地势平坦、排水性能好的森林腐殖土和山地棕壤土，土壤pH值宜为6.0~7.0，土层厚度大于20 cm。应选择地势平坦、坡度小于15°、海拔低于2000 m的平原或丘陵山地。不论选择何种地块进行辽细辛栽培，在整地时都要结合翻地进行底肥的施入，一般每平方米施加腐熟的猪粪40 kg，将粪肥翻入土中拌匀、耙平、整细，作畦，畦宽1~1.2 m、高15 ~20 cm，畦长视地形而定，一般长10~15 m，作业道宽30~50 cm。辽细辛定植畦的示意图如图9-3所示。

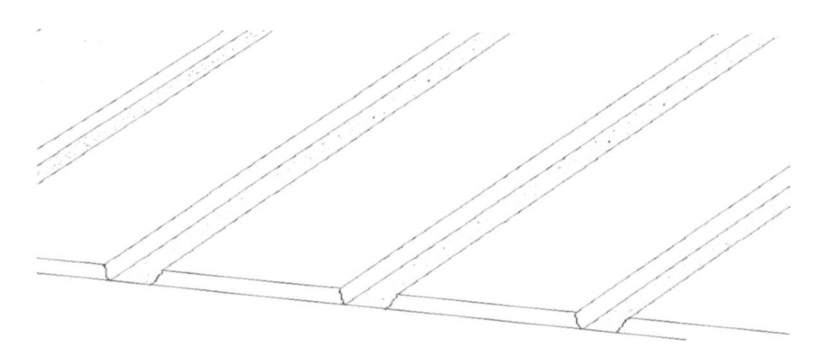

图9-3　辽细辛定植畦示意图

（二）育苗技术

辽细辛种子一般在当年的6月下旬成熟，成熟后要进行及时采摘，收获的种子放置在阴凉处2~3 d，目的是等辽细辛果皮变软后将果皮去除，以将种子清洗出来。种子取出后，将水沥干，趁新鲜进行播种，不能及时播种的种子要埋在湿润的细粉砂中进行保存，不能风干或裸露，也不能一直放在水中，否则会影响出苗率。不能及时播种的种子的存放方法是拌湿沙保存30~60 d，一般要在当年的8月上旬播种完毕。选择千粒重不低于17 g、纯度大于85%、发芽率不低于80%的种子进行播种。辽细辛种子形态如图9-4所示。

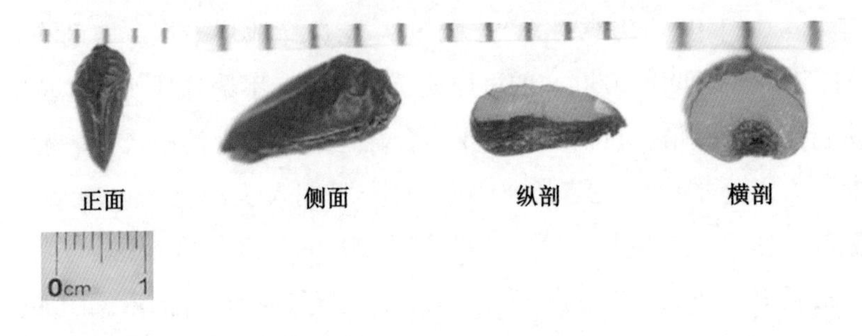

图 9-4　辽细辛种子形态

播种时，要在播种田作畦（畦的规格同种植田），在畦上挖 3 cm 左右的浅槽，将种子拌 2~3 倍的细腐殖质土或细沙均匀撒播，每亩播种量为 10~12 kg，播种后用细腐质土将浅槽填平镇压。上覆厚 3 cm 的松针或稻草，目的是保持土壤的湿度，防止地块板结，并在第 2 年出苗前将覆盖物去除，以帮助幼苗出土。

（三）移栽

种子在播种当年生根而不出苗，第 2 年春出苗并长出 2 片子叶，第 3 年春长出 1 片真叶。在育苗田培育的二至三年生辽细辛壮苗均可移栽，因为苗龄小、适应性强，所以移栽成活率高。移栽分春栽和秋栽两种。辽细辛为早春植物，春季移栽即在越冬芽未出土前进行移栽。秋季移栽于 10 月，在种苗叶片枯萎进入休眠期时进行，成活率较高。移栽前，要剔除病弱苗，并分大、中、小三类分别栽种。行距 15~20 cm，株距 5~10 cm，深 10 cm 横沟栽植，覆土 3~5 cm。

（四）田间管理

1. *覆盖物*

在第 2 年春天辽细辛出苗前将地块覆盖物去除，以保证床面通风且透光，并且防止幼苗病虫害的发生。如果春天温度低、地温低，可根据实际情况提前将覆盖物去除，目的是帮助地块提高温度，促进辽细辛早出苗。

2. 除草

因为辽细辛种植一般采取撒播的形式，所以不能进行机械锄草处理，当发现田间有杂草时，要进行人工拔除。对于移栽的辽细辛地块，每年要进行大概 3 次除草松土，目的是提高床土的温度，提高土壤的保墒能力，促进辽细辛生长发育。松土时，行间要进行深松，根际要进行浅松，行间松土深度 3 cm 左右，根际松土深度 2 cm 左右。结合除草、松土作业进行培土工作，有利于根部的生长。

3. 遮光

辽细辛在生长期抗光能力比较弱，生长周期需要遮阳，搭高 1 m 的∩形遮阳棚，用铁线连接，覆盖遮阳网。辽宁省经济作物研究所中药材团队经过多年试验总结得出遮光的高效措施：播种后、移栽前透光率应保持在 30%左右；移栽后每年 5 月上中旬进行遮光，6 月中旬前透光 50%，以后至立秋增加遮阳物使透光率达 30%，立秋后恢复透光 50%。

4. 施肥与覆盖

越冬播种前应结合整地施足基肥，基肥以厩肥为主。初冬结合越冬防寒覆盖，上一次“盖头粪”，每亩施厩肥 4000 kg，既可提高土壤肥力，又可保护芽苞安全越冬。土壤结冻前，在畦面上追施腐熟的厚 1.5~2.0 cm 过筛厩肥，起到追肥、防寒、保护越冬芽、保水的作用，同时防止早春出现冻拔现象。辽宁省经济作物研究所通过试验得出，结合有机肥每亩追施多酶粉 15 kg，同时喷施辉丰聚合 5 kg 效果更好。

5. 浇水

辽细辛种植当年只生根不出苗，地块覆盖的叶子有保湿土壤的作用，但是在干旱气候下，床土发干，会影响土壤中辽细辛种子胚根的生长，因此遇干旱气候要及时进行浇水，目的是保持床土湿润。当遇到十分干旱的气候时，可直接向床面进行灌溉，但在雨季时要挖好排水沟，防止田间积水，以免影响辽细辛生长。

6. 去花

辽细辛属于多年生植物，每年会开花结果，消耗大量的土壤养分。在辽细辛开花时，除了留种地，都要进行花蕾的摘除，为第 2 年辽细辛生长提供充足养分。

三、病虫害防治技术

辽细辛病害较重，苗田主要病害有立枯病，成株主要病害有细辛菌核病、立枯病、疫病等。其中，菌核病为害最大，多因长期不移栽、土壤湿度过大而发病较多，初期零星发生，严重时成片死亡。常见害虫有蝼蛄等。辽细辛常见病虫害症状及发病规律见表 9-1。

表 9-1　辽细辛常见病虫害症状及发病规律

病虫害名称	症状	发病规律
立枯病	主要为害茎基部。病原菌侵入幼茎，随着茎干不断扩展，茎基部染病后出现黄褐色的病斑，最后导致茎基部腐烂，植株因为运输组织隔断而逐渐萎蔫枯死	以菌丝体和菌核在土壤中越冬，可在土壤中腐生 2~3 年。通过雨水、喷淋、带菌有机肥及农具等传播。病菌发育适温为 20~24 ℃。刚出土的幼苗及大苗均能受害，一般多在育苗中后期发生。苗期床温高、土壤水分多、施用未腐熟肥料、播种过密、间苗不及时、徒长等均易诱发本病

表9-1(续)

病虫害名称	症状	发病规律
菌核病	主要为害根部，进而为害茎、叶、花和果。先从地下部开始发病，逐渐侵染至地上部分。发病初期，地上植株无明显变化，叶片由绿逐渐变为淡黄绿色，后期出现萎蔫。此时，地下根系内部组织已腐烂溃解，只存在外表皮。表皮内外附着大量黑色菌核	病菌以菌核在土壤中或混杂在种子间越冬、越夏或度过寄主中断期，至少可存活 2 年，是病害初侵染的来源。菌核病对水分要求较高；相对湿度高于 85%、温度 15~20 ℃易于菌核萌发和菌丝生长、侵入及子囊盘产生
疫病	主要为害叶片和叶柄。发病时叶片出现水浸状的暗绿色圆形病斑，当湿度较大时，病斑出现大量的白色霉状物，在高温高湿环境下，此病会以极快的速度蔓延，最后导致叶柄软化折倒，叶片腐烂死亡	疫病发病适宜的日平均气温为 25~28 ℃，空气相对湿度大于 95%易于其孢子的产生、萌发、侵入和菌丝生长
蝼蛄	为害子叶、嫩叶，造成叶片孔洞或缺刻。为害嫩茎，使植株枯死，造成缺苗断垄，甚至毁苗重播，直接影响生产	以成虫或若虫在冻土层以下越冬。第 2 年春上升到地面为害，4—5 月是春季为害盛期，在保护地内 2—3 月即可活动为害。9—10 月为害秋菜。初孵若虫群集，逐渐分散，有趋光性、趋化性、趋粪性、喜湿性

在病虫害防控上，贯彻“预防为主，综合防治”的植保方针，从药田生态系统出发，调整小气候防止空气湿度过大；加强田间管理，深耕细作、合理密植、避免连作，选择排水良好的地

块种植，合理调光，雨季及时排水防涝；发病初期，应及时拔除病株并集中烧毁，同时挖出病土，每穴撒生石灰 30~60 g 消毒，再回填新土；利用害虫的趋光性，在田间设置杀虫灯诱杀。

四、采收初加工技术

三年生苗，移栽生长 3 年后收获，9 月中旬用药材收获机进行采收。采收后，用药材清洗机清除残存在根茎上的泥土，人工去除杂质（图 9-5），自然晾干或 25~30 ℃低温烘干（图 9-6）。对于未及时加工药材，应放置阴凉处并进行防雨处理。初加工的药材包装前，应对每批药材按照相应标准进行质量检验，符合国家标准的药材，用塑料袋进行包装，包装外贴或挂标签、合格证，标识牌内容应有品种、基原、产地、批号、规格、重量、采收日期、企业名称等，并有追溯码。药材出库前要遵守企业的放行制度，有审核、批准、生产、检验等相关记录，以及放行人的签字。对于不合格药材，有单独处理制度。药材运输过程中，运输工具应清洁、干燥且有防雨设施，严禁与有毒、有害、有腐蚀性、有异味的物品混运。需要储存的药材，应在避光、常温、干燥、通风、无虫害和鼠害，以及有防雨设施的地方储藏，严禁与有毒、有害、有腐蚀性、易发潮、有异味的物品混储。

图 9-5　辽细辛除杂装盘

图 9-6　辽细辛烘干

本章参考文献

[1] 国家药典委员会.中华人民共和国药典:2020 年版　一部[M].北京:中国医药科技出版社,2020.

[2] 么厉,程惠珍,杨智.中药材规范化种植(养殖)技术指南[M].北京:中国农业出版社,2006.

[3] 肖秀屏,苏玉彤,王秀,等.细辛的病虫害防治[J].特种经济动植物,2015,18(8):52-53.

[4] 张英明.辽细辛林下栽培实用技术[J].辽宁林业科技,2020(4):72-73.

[5] 孙绍鹏,韩友志.辽东山区林下辽细辛栽培技术[J].河北林业科技,2012(6):94-95.

[6] 王学勇.辽细辛仿野生栽培技术[J].吉林林业科技,2016,45(5):59.

[7] 付海滨,邢颖新,于洋,等.辽细辛出口基地 GAP 栽培技术操作规程[J].现代中药研究与实践,2015,29(1):5-8.

[8] 中国科学院中国植物志编辑委员会.中国植物志:第六十二卷[M].北京:科学出版社,1988.

[9] 刘洋,张佐双,贺玉林,等.药材品质与生态因子关系的研究进展[J].世界科学技术-中医药现代化,2007,9(1):65-69.

[10] 王志清,郑培和,逄世峰,等.光照强度对北细辛生长发育及质量的影响[J].中国中药杂志,2011,36(12):1558-1567.

[11] 陈文杰,曲振山.主成分分析确定北细辛的最佳采收期[J].黑龙江医药,2006,19(1):38-39.

[12] 程哲,胡延生.遮阴对北细辛中马兜铃酸 A 含量的影响[J].贵州农业科学,2014,42(4):69-71.

[13] 张亚玉,陈阵天,周艳忠,等.北细辛根系对氮、磷、钾三要素积累动态研究[C]//第六届全国药用植物和植物药学术研讨会论文集,2006:152-153.

[14] 周长征,李银,杨春澍.细辛道地药材与微量元素[J].中草药,2000,31(4):292-295.

[15] 周长征,杨祯禄,李银,等.细辛道地药材的系统研究与细辛药材GAP生产关系的探讨[J].中国中药杂志,2001,26(5):343-345.

[16] 邢丽伟,于营,欧阳艳飞,等.应用TTC法快速测定北细辛种子生活力[J].特产研究,2016,38(3):31-35.

[17] 郭靖,王志清,邵财,等.北细辛种子检验及质量分级标准初步研究[J].河北农业大学学报,2015(6):52-56.

第十章　龙胆草

龙胆草（*Gentiana cruciata* L.）为龙胆科龙胆属多年生草本植物，以根及根茎入药，中药名为龙胆，是辽宁的道地药物，“辽药六宝”之一。《神农本草经》中首次记载龙胆为“骨间寒热，惊痛，邪气，续绝伤，定五胀，杀蛊毒，久服益智，不忘，轻身，耐老”。《中华人民共和国药典》（2020 年版）收录该药材，味苦，性寒。归肝、胆经。清热燥湿，泻肝胆火。用于治疗湿热黄疸、阴肿阴痒、带下、湿疹瘙痒、肝火目赤、耳鸣耳聋、胁痛口苦、强中、惊风抽搐等症。《中华人民共和国药典》收载含龙胆的成药处方有龙胆泻肝丸、清热解毒口服液、黄连羊肝丸等。

龙胆草为多年生草本，高 30~60 cm。根茎平卧或直立，短缩或长达 5 mm，具多数粗壮、略肉质的须根。花枝单生，直立，黄绿色或紫红色，中空，近圆形，具条棱，棱上具乳突，稀光滑。枝下部叶膜质，淡紫红色，鳞片形，长 4~6 mm，先端分离，中部以下连合成筒状抱茎；中、上部叶近革质，无柄，卵形或卵状披针形至线状披针形，长 2~7 cm，宽 2~3 cm，有时宽仅约 0.4 cm，愈向茎上部叶愈小，先端急尖，基部心形或圆形，边缘微外卷，粗糙，上面密生极细乳突，下面光滑，叶脉 3~5 条，在上面不明显，在下面突起，粗糙。花多数，簇生枝顶和叶腋；无花梗；每朵花下具 2 个苞片，苞片披针形或线状披针形，与花萼近等长，长 2.0~2.5 cm；花萼筒倒锥状筒形或宽筒形，长 10~12 mm，裂片常外反或开展，不整齐，线形或线状披针形，长 8~

10 mm，先端急尖，边缘粗糙，中脉在背面突起，弯缺截形；花冠蓝紫色，有时喉部具多数黄绿色斑点，筒状钟形，长 4～5 cm，裂片卵形或卵圆形，长 7～9 mm，先端有尾尖，全缘，褶偏斜，狭三角形，长 3～4 mm，先端急尖或 2 浅裂；雄蕊着生冠筒中部，整齐，花丝钻形，长 9～12 mm，花药狭矩圆形，长 3.5～4.5 mm；子房狭椭圆形或披针形，长 1.2～1.4 cm，两端渐狭或基部钝，柄粗，长 0.9～1.1 cm，花柱短，连柱头长3～4 mm，柱头 2 裂，裂片矩圆形。蒴果内藏，宽椭圆形，长2.0～2.5 cm，两端钝，柄长至 1.5 cm；种子褐色，有光泽，线形或纺锤形，长 1.8～2.5 mm，表面具增粗的网纹，两端具宽翅。花果期 5—11 月。龙胆草主要分布在内蒙古、黑龙江、吉林、辽宁、贵州、陕西、湖北、湖南、安徽、江苏、浙江、福建、广东、广西等地，俄罗斯、朝鲜、日本等国家也有分布。生于山坡草地、路边、河滩、灌丛中、林缘及林下、草甸，种植地海拔为 400～1700 m。图 10-1 所示为处于花期的龙胆草。图 10-2 所示为龙胆草单株。

图 10-1　处于花期的龙胆草

图 10-2　龙胆草单株

一、产业现状

19 世纪 50 年代，野生龙胆产量为 20 万 kg，近年普查结果显示，受生态环境破坏及不合理采挖等多重因素影响，野生龙胆已日渐减少。为了缓解野生龙胆濒危程度，保护龙胆资源，20 世纪 80 年代末龙胆被列入国家重点发展保护品种，90 年代初辽宁等地开始广泛推广人工培育，种植面积逐年扩大。由于市场紧缺，其价格逐年上涨，种植基地面积也随之迅速扩展，至 2022 年，辽宁地区龙胆草种植面积达到 2.85 万亩，年产 1750 t，主要以清原县为主，新宾县、宽甸县、桓仁县等地少有分布。“清原龙胆”被确定为国家地理标识农产品，其品牌强度为 758，品牌价值为 1.33 亿元。

近年来，随着市场需求量的提升和价格的上涨，主产区无序扩张单一品种种植面积，缺乏规范的种植技术，大量施用化肥农药造成农残超标，导致龙胆草的品质和质量下降。土地面积有限，导致连作障碍，使龙胆草长势变弱、品质变差，生长期易患斑枯病、根腐病，严重连作障碍甚至会造成绝收。龙胆草主产区无地可种后转移基地，转移后基地气候及土质均不及原生产基地，生产的龙胆草品质有所下降，市场价格自然也降低。然而，随着土地租金和人工成本的增加，生产成本逐年上升，转移基地的龙胆草经济效益远不及原生产基地，有的基地土质黏性大，收货时耗费人工多，收到的龙胆草药材碎、价格不好，甚至会出现亏损的局面。

主产区龙胆草生产尚处于自发、分散、粗放状态，产前、产中、产后各环节尚未形成有机结合、相互促进和利益互补机制，产业链条不健全，精深加工欠缺，产品附加值不高。同时，品牌意识不强，再加上宣传不到位，导致品牌的知名度远没有达到应有的水平，品牌效应仅靠口口相传，影响力有待提高，资源优势没能得到充分发挥。

二、生态种植技术

（一）选地与整地

龙胆草栽培地宜选海拔200~1000 m，15°以下缓坡荒山或生长期内没有严重干旱和水涝的平地。种植地块要远离居民区、公路（200 m以外），远离其他污染源，靠近水源。种植土壤应选择土层深厚疏松（耕作层土厚40 cm以上）、土质肥沃、排水良好的腐殖土或砂质壤土、棕壤土，土壤pH值为5.0左右。黏土和盐碱地均不宜栽培，不可选低洼、排水不良地块。

播种前整地。根据地况可利用机械翻地、旋地（最好旋2遍），耕翻深度20~25 cm。施基肥，施腐熟的农家肥3万~5万 kg/hm^2。作畦待播，畦土细碎疏松、无树根和石块等杂物，畦面平整，畦宽110~130 cm，畦高20~25 cm，畦间距40~50 cm。

（二）种子处理技术

龙胆草种子外层具有一层半透明的包衣，包衣长度约2 mm，种子呈土黄色（图10-3），长约1 mm。种子多数呈椭圆形或圆形。种脐位于基部尖端，不明显。种皮表面密布略突起的纵皱纹。在播种前1~3 d，首先用质量分数为50 mg/kg的赤霉素水溶液浸种6 h；然后用流水清洗种子，使水达到无色；再把种子装入布袋中直至不流水为止；最后将种子与洁净的细河沙按照体积比1∶6搅拌混匀，保持含水量为25%~30%，装入木箱后放置在阴凉处待播种。

（三）播种

龙胆草一般在5月中旬播种。播种时，把处理的种子用龙胆草播种器或人工均匀撒播在畦面上（图10-4），播种量20~25 kg/hm^2，然后把畦面压实，使土壤与种子紧密结合，并在畦面

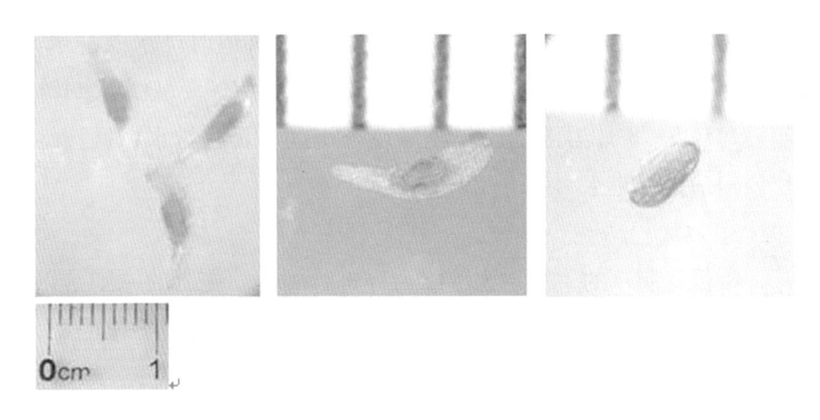

图 10-3　龙胆草种子的外观形态

上覆盖一层厚度为 1~2 cm 的松针或稻草（图 10-5）。播种后，要及时灌溉，保持土层湿润。

图 10-4　龙胆草播种

图 10-5　龙胆草覆盖

（四）田间管理

1. 中耕除草

第 1 年除草 5~8 次，采用人工拔除，除草宜早，避免草大带出小苗。第 2，3 年根茎密布地表层，杂草极少，人工拔除大草即可。

2. 灌溉与排水

播种后至 6~8 片叶前必须保持土壤湿润状态，若生长季出现干旱现象，要及时喷灌水。每年植株返青后，适时浇水或淋水，保持土层湿润，以促进返青植株生长。上冻前，要灌1次封冻水。每年7—8月为雨季，要经常巡查田间，及时排水，低洼地块要提前挖好排水沟。

3. 施肥

根据龙胆草的生长、土壤肥力等进行施肥。施肥的原则是以基肥为主、追肥为辅。第1次结合整地施入腐熟农家肥作底肥，施用量为3万~5万 kg/hm^2；每年结合秋季培防寒土，施入厚1~2 cm的腐熟农家肥。

4. 疏花摘蕾

非留种植株在现蕾后将花蕾全部摘除，以减少营养消耗，促进根部生长。

三、病虫害防治技术

（一）斑枯病

1. 症状

龙胆草斑枯病主要为害叶片，病原为龙胆壳针孢（*Septoria gentianae* Thume.）属半知菌亚门、壳针孢属真菌。分生孢子器聚生于病斑两面，内生大量分生孢子。分生孢子针形，无色透明，具隔膜。病斑椭圆形，边缘深褐色，病斑两面均生有小黑点，为病原菌的分生孢子器。严重时病斑常相互汇合，导致龙胆草整个叶片枯死。

2. 发生规律

斑枯病病菌以分生孢子器和菌丝体在病残体上越冬。5月中下旬开始发病，7—8月为发病高峰期。分生孢子随气流和雨滴飞溅进行传播。病害一般从植株下部叶片始发，逐渐向上部叶片传染。高温、高湿、全光栽培有利于病害流行。

3. 防治方法

（1）选择优种。应选择生长健壮、无病虫害、种质纯正的母株。

（2）遮阳栽培。在床面两侧种 2 行高秆作物遮阳可减缓发病。

（3）地表覆盖。用松针或稻秆覆盖作业道，防止地表病原菌因雨滴飞溅造成初侵染。

（4）生物防治。在幼苗苗床、发病初期、雨后，可喷施 105 亿 CFU/g 多粘菌·枯草菌 WP 或 0.2%补骨脂种子提取物微乳剂进行生物防治。

（二）蝼蛄

蝼蛄俗称地拉蛄，属直翅目蝼蛄科，分布遍及全国各地。雌性体长 31~35 mm，雄性 30~32 mm，体躯较小，体色较深，呈淡灰褐色，头圆锥形。前胸背板卵圆形，前缘稍向内方弯曲，后缘钝圆。前翅较短，仅覆盖腹部的一半，后翅超过腹部末端。后足胫带背侧内缘有棘 3~4 个。腹部纺锤形，背面黑褐色，腹面暗黄色。

1. 为害特征

蝼蛄不仅在土中咬食刚播下和已发芽的种子，而且咬食嫩茎、主根和根茎，严重时将根部咬成乱麻状，使植株凋萎而死。蝼蛄在表土层穿行时，会形成很多隧道，使幼苗和土壤分离，导致幼苗失水干枯而死。

2. 发生规律

蝼蛄需 2 年完成 1 个世代，以成虫和若虫越冬。越冬成虫第 2 年春季开始活动，6 月上旬开始产卵，6 月中下旬卵孵化为若虫，当年秋季以 8~9 龄若虫越冬。越冬若虫第 2 年 4 月上中旬开始活动，当年可蜕皮 3~4 次，至 10—11 月发育到 12~13 龄越冬；

第3年春季越冬高龄若虫开始活动，8—9月蜕去最后1次皮变为成虫，该年即以成虫越冬；第4年春越冬成虫开始活动，6月上旬产卵，至此完成一个生命周期。蝼蛄夜晚活动，具有趋光性、趋化性和趋粪性。白天多潜伏于土壤深处，但气温较低或阴雨天的白天也能外出活动取食。蝼蛄喜食幼嫩食物，春秋两季，为害药用植物严重。

3. *防治方法*

（1）栽培防治。药材收获后应适时耕翻，以减少虫源。避免施用未腐熟肥料。早春可依蝼蛄在地表造成的虚土来挖窝灭虫，夏季可挖卵室杀死卵和雌虫。

（2）物理机械防治。种植过程中利用捕杀法、诱杀法（灯光诱杀、色板诱杀等）等方法进行防治。

（3）生物防治。种植驱虫植物趋避害虫。饲养天敌或喷施杀虫微生物。

四、采收初加工技术

（一）采收期

龙胆草生长3~4年后进行采收，收获时节为春秋两季，以秋季收获为佳（9月中旬至10月初），此时根中总有效成分含量最高。留种田在10月中下旬采收种子。

（二）采收方式

龙胆草采用机械或人工收获方式。机械收获（图10-6）时，首先清除畦面龙胆草的地上茎，然后从畦的一端开始，用起药机进行起挖，抖去泥土，运至加工场所；人工收获（图10-7）时，首先清除畦面秸秆，然后从畦的一端开始，用镐从畦的两侧向中间将根刨出，忌用镐从畦面向下刨，以免损伤根茎。将起出的龙胆草去掉地上茎，抖去泥土，运至加工场所。

图 10-6　龙胆草机械收获　　　　图 10-7　龙胆草人工收获

（三）初加工

采用晒干或烘干方式。晒干，用清水洗净泥土，在洁净通风晾晒场或帘子上自然晒干，半干时抖去毛须捆成小把，再把小把晒至水分 10%以下；烘干，用洗药机洗净泥土（图 10-8）后，把龙胆草摆放在木或竹等制的盘中（图 10-9），将盘摆放在加工室内的架子上（图 10-10），温度控制在 45～50 ℃，待半干时，从烘干室取出，并抖掉毛须捆把（图 10-11），再放入烘干室，把小把龙胆草烘至水分 10%以下。

图 10-8　龙胆草清洗

图 10-9　龙胆草装盘

图 10-10　摆在架子上的待烘干龙胆草

图 10-11　龙胆草打包

本章参考文献

[1]　国家药典委员会.中华人民共和国药典:2020 年版　一部[M].北京:中国医药科技出版社,2020.

[2]　赵奇,傅俊范.北方药用植物病虫害防治[M].沈阳:沈阳出版社,2009.

[3]　任雪.龙胆道地性形成生境机制研究[D].沈阳:辽宁中医药大学,2021.

[4]　李瑞春,孙文松,高嵩,等.辽宁龙胆草产业发展现状与分析[J].园艺与种苗,2021,41(2):27-29.

第十一章　人参

人参（*Panax ginseng* C. A. Meyer）是五加科人参属多年生草本植物。植株高达 60 cm；根茎短，主根纺锤形（图 11-1）；掌状复叶 3~6 轮生茎顶，叶柄长 3~8 cm，无毛；小叶 3~5 片，膜质，中央小叶椭圆形或长圆状椭圆形，长 8~12 cm；侧生小叶卵形或菱状卵形，长 2~4 cm，先端长渐尖，基部宽楔形，具细密锯齿，齿具刺尖，上面疏被刺毛，下面无毛，侧脉 5~6 对；小叶柄长 0.5~2.5 cm；伞形花序单生茎顶，具 30~50 花，花序梗长 15~30 cm；花梗长 0.8~1.5 cm；花淡黄绿色；萼具 5 小齿，无毛；花瓣 5 片；花丝短；子房 2 室，花柱 2 个，离生；果扁球形，鲜红色或黄色（图 11-2），直径 6~7 mm；种子肾形，乳白色。

图 11-1　人参根部形态

图 11-2　红果人参（左）和黄果人参（右）

人参分布于中国、俄罗斯和朝鲜；在中国分布于辽宁东部、吉林东半部和黑龙江东部。一般生于海拔数百米的落叶阔叶林或针叶阔叶混交林下（图 11-3）。喜质地疏松、通气性好、排水性好、养料肥沃的砂质壤土；喜阴，凉爽而湿润的气候对其生长有利；耐低温，忌强光直射，喜散射较弱的光照。

图 11-3　林下有机人参种植

人参的肉质根为强壮滋补药，适用于调整血压、恢复心脏功能、神经衰弱及身体虚弱等症，也有祛痰、健胃、利尿、兴奋等功效。人参的茎、叶、花、果及其相关加工副产品都是轻工业的原料，可加工出含有人参成分的烟、酒、茶、晶、膏等商品。

一、产业现状

辽宁地区人参主产地栽培品种基本为传统品种，主要为“大马牙”“二马牙”“长脖”，以及具有当地特色的品种——宽甸石柱参。种植区域主要在本溪、抚顺、丹东、铁岭等地。以林下参种植为主，种植面积约为 6.77 万 hm^2；园参种植面积约为 7100 hm^2。

由于人参种植技术的不断提高，以及种植利润相对较高，其种植面积逐年扩大。特别是 2012 年 9 月卫生部出台的《新资源食品管理办法》将人参纳入药食两用名单，使其应用范围扩大，需求量激增。同时，随着市场价格持续走高，2014 年鲜参价格达到 160 元/kg，更加激发了参农种参的积极性，人参种植产业化得以不断发展。据不完全统计，2000 年辽宁省园参种植面积约为 0.42 万 hm^2；2015 年人参种植总面积增至 7.13 万 hm^2，其中林下参 6.53 万 hm^2；2020 年人参种植总面积增加到 7.38 万 hm^2，增加的种植人参以园参为主。

自 2008 年起，桓仁山参、抚顺林下山参先后获得中国国家地理标志殊荣。辽宁人参在 2014 年被辽宁省工业和信息化厅等部门联合公布纳入“辽药六宝”名单。目前，辽宁省内涌现出一批龙头企业，如本溪龙宝参茸股份有限公司、辽宁秘参堂药业有限公司、抚顺青松药业等，上述企业致力于发展辽宁人参品牌，带动人参产业朝集种植、初加工、深加工、旅游于一体的全产业链有序、健康发展。

二、生态种植技术

（一）选地整地

人参种植应选距公路主干道或铁路500 m以上，坡度小于15°的农田地。人参种植地要远离居民区、重工业区和医院，周围无金属或非金属矿山，无其他外源污染；运输方便，临近水源、易排易灌，便于机械化、集约化和规范化生产；土壤为土质疏松肥沃的壤土或砂质壤土，pH值为5.5~6.5，耕层土壤厚度大于25.0 cm。以选择前茬作物为玉米、小麦、大豆等种植地块为宜。

在播种或移栽种苗前需要进行三犁三耙，第1次耕作时间为6月，以后每隔2个月耕作1次，耕作深度为50 cm。

为预防根部病害，当土壤pH值为5.5~7.0时，在播种前，可结合倒土，使用药剂和生物菌剂处理土壤。具体用量为70%恶霉灵可溶性粉剂600~1000 g/亩，30%精甲・恶霉灵悬浮剂1200~1500 g/亩，50%多菌灵可湿性粉剂6000 g/亩，300亿个/g蜡质芽孢杆菌可湿性粉剂或10^6个孢子/g寡雄腐霉可湿性粉剂或3亿CFU/g哈茨木霉菌2668~4000 g/亩。

（二）育苗技术

1. 种子繁殖

室外催芽时，应选背风向阳、排水良好的地方，挖深22 cm左右的平底土坑，长宽视种子的多少而定，坑内放一个无底的木箱，或在土坑的四周嵌入木板。挖好排水沟后，将干种子用室温水浸泡24~48 h，取出，适量浇水，与2~3倍的河沙混拌均匀，倒入坑内，覆盖厚15 cm的土，如瓦背形，再盖一层苇帘，或搭遮阳棚，防止暴晒和雨水冲淋。温度控制在20~25 ℃。每半个月翻拌一次，并适当加水。2~3个月后种子裂口，便可播种。

室内催芽的处理方法与室外催芽法大致相同。不同的是将种子放入有底木箱，以便搬动。经 2~3 个月，种子裂口便可播种（图 11-4）。春播在 4 月中旬至 6 月上旬进行。秋播在 9 月至上冻前进行。条播，在畦面横向开沟，播幅 6 cm，播距 10~14 cm，覆土 3~4 cm，用种 20~25 g/m^2；点播，则按照株行距 3 cm×3 cm 或 5 cm×5 cm 挖穴，每穴下 1~2 粒种子，覆土 4 cm，用种 15~20 g/m^2。播后用木板轻轻镇压。夏秋点播应覆盖玉米秸秆或稻草，再压 10~15 cm 的细土。

图 11-4　裂口的人参种子

2. 种子消毒

播种前，种子用 10%的蒜汁浸泡 12 h；或用 1%福尔马林液浸泡 10 min；或用多菌灵 500 倍液浸泡 2 h；或用波尔多液浸泡 15 min，清水洗净。波尔多液是按照硫酸铜 1 kg、生石灰 1 kg、水 120 kg 的比例配制成的蓝色药液。其配置方法是先用少量水把石灰化成石灰乳，再缓缓倒入硫酸铜溶液，不断搅拌即成。波尔多液要随配随用，用时搅匀。

（三）移栽

人参移栽（图 11-5）多采用两种方法：其一，三年生移栽，四年生收获；其二，二年生移栽，六年生收获。把握好移栽时间至关重要，一般在秋天至上冻前移栽，具体移栽时间可根据各地区气候条件灵活掌握，既要避过高温，又要躲过寒流。因为气温高时，移栽时容易萌动，感病；而突遇降温，又易冻伤，造成缺苗。也可在春季解冻后、芽苞尚未萌动时移栽。移栽前半月浇灌参床。但春季气温较高、风大、土壤干燥，越冬芽易受损伤，故多不采用。移栽时，小心地刨起参苗，装入木箱，防止风吹日晒。选无病虫害的健壮参苗，去掉病残人参，将根形修剪一下。移栽前，苗根用 1∶1∶120 的波尔多液浸泡 10 min，或用 50%的多菌灵 500 倍液浸泡 15 min，勿浸泡到芽。取出稍干，分为大、中、小 3 种移栽，以方便日后田间管理。如不同规格参苗混栽，大苗会妨碍小苗生长，造成减产，故不宜混栽。山坡地应从下往上栽种，用拨土板横畦开沟，深 6~7 cm，沟底要平，参苗平放沟内，使头朝向下坡方向，根不要弯曲。平地种参与山坡地栽种相似，多采用斜栽，即将参苗倾斜 30°~45°栽于土中，株行距及覆土深度，根据移栽年限、参苗大小及土壤肥力而定。

图 11-5 人参移栽

（四）田间管理

1. 搭棚

搭棚于播栽后到出苗前完成，棚式可选择复式棚、单拱棚。

（1）复式棚。网、膜分两层，遮阳网距参膜 50 cm 以上，上层为全封闭式遮阳网大棚，下层为单层参膜的拱棚。下层拱棚主要由不锈钢管制成的立柱、拱、横杆、塑料布及铁线等构成。跨参畦立拱，拱间距为 3~5 m，顶部由铁线连接固定，上面覆盖塑料布，床面距棚顶高度为 120 cm。上层大棚主要由立柱、横杆、铁线及专用遮阳网等构成，立柱分立两畦之间，顺畦立柱间距离为 6~8 m，立柱上顺畦向固定好横杆，扣押上遮阳网，如图 11-6 所示。

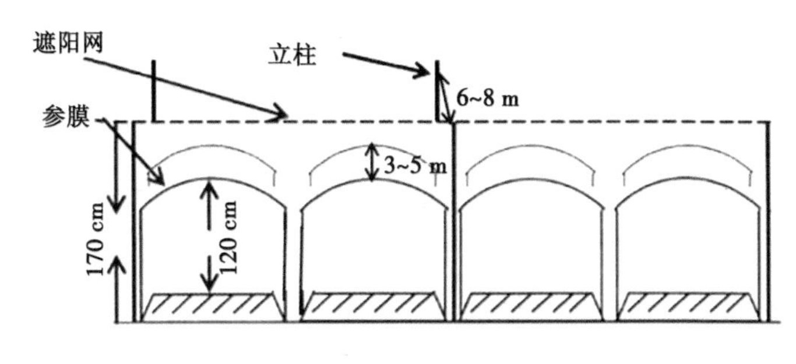

图 11-6　复式棚横切面图示

（2）单拱棚。单拱棚主要由不锈钢管制成的拱、立柱、专用遮阳网、塑料布及铁线等构成。拱高 120 cm，跨参畦立拱，拱间距为 3~5 m，拱上顺畦方向固定好横杆，上面覆盖塑料布，同时扣押上遮阳网，如图 11-7 所示。

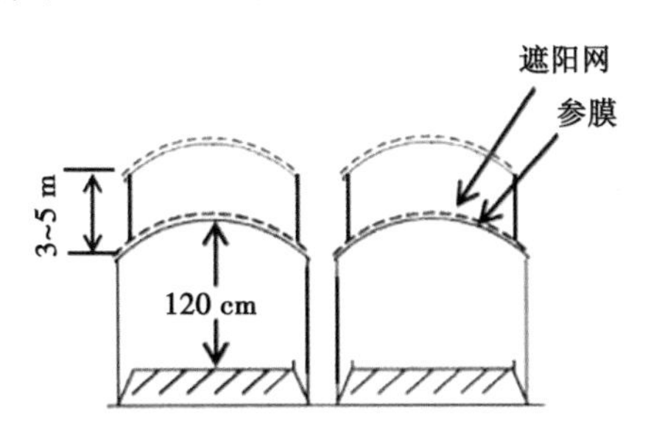

图 11-7　单拱棚横切面图示

2. 遮阳与调光

人参的需光特性是喜散射光、弱光，怕直射光、强光，喜蓝光、怕白光。人参属于长日照阴性植物，需遮阳栽培。在4月下旬覆上层遮阳网和薄膜，参膜使用浅绿色或蓝色，透光率达到50%左右。5月中下旬适度压花，使透光率保持在30%～40%。6月下旬，用75%遮光率的遮光网调光20%～25%。8月末至9月初应撤掉第1层参帘，只留膜，使透光率达到50%及以上。

二年生、三年生人参5月初上一层膜，使透光率达到50%及以上。5月下旬至6月15日前膜上再覆遮阳网，使透光率保持在30%～40%。6月15日以后在一层膜一层参帘的基础上进行压花、插花或用75%遮光率的遮光网进行调光，并要经常性换花，使透光率达到25%左右。8月下旬将调光用的压花、挂花、插花及调光网全部撤掉，使透光率达到30%左右。9月中旬将中一层帘撤掉，使透光率达到50%及以上。

四年生、六年生人参5月初上一层膜，使透光率达到50%及以上。5月20日至6月初在第1层膜上加盖一层参帘或遮光网适当进行压花、挂花、插花，使透光率达到40%以上。9月中旬撤掉第1层帘，只留参膜，使透光率达到50%及以上。

五年生人参在5月初上一层参帘，加盖薄膜，使透光率达到50%左右。6月初上一层参帘或适当进行压花、插花、挂花或上盖75%遮光率的调光网，使透光率达到20%。6月中下旬人参坐果期，在第2层帘的基础上进行插花、压花、挂花，使透光率达到20%，防止吊干籽。8月下旬掐完人参种子后，撤掉第2层帘，挂花、压花或使用调光网，使透光率达到40%左右。9月初撤掉第1层帘，只留参膜，使透光率达到50%及以上。

3. 肥水管理

（1）水分管理。在干旱半干旱地区，人参移栽后每隔7～10天应及时浇水1次，保持土壤水分在25%左右，直至雨季来临。

雨季来临，应随时检查参园，及时排出过多水分。出苗前期和花期气温仍较低，生理需水量较少，一般情况下可不灌水，较干旱的地块可以接雨后上膜；进入果期以后，土壤水分低于20%时浇水2~3次。3年以上参苗，遇高温、干旱天气应多灌水；生育后期，干旱严重的地块应灌水，当年收的可适当撤膜。灌水可与追肥、打药相结合。要经常清理作业道和排水沟，防止堵塞。早春化冻前要及时清理畦面和作业道上的积雪；化冻后引出雪水，防止渗入参床。及时查补参膜，严防漏雨、潲雨。

（2）施肥管理。5月上旬苗出齐后，结合松土，开沟施入充分腐熟的粪肥、复合肥等，每平方米施2.5~4.0 kg，覆土盖平。深度以不伤根为宜，肥料不应与根系接触。如遇干旱，要及时浇水，以防烧须根。也可根外追适量磷肥。在6—8月的清晨或傍晚喷施叶面肥，每年喷4~6次。

4. 松土除草

人参出苗后，第1次松土在展叶期进行，过早、过晚都会伤害参根。全年松土3~4次，每次松土间隔期20~25 d，浇水1~2 d后要及时松土。松土时应结合追肥。松土程度要根据参龄大小、覆土深度、参根生长状况而定，第1次松土深度达到参根为宜，第2次松土要适当浅松，以深度2 cm左右，不伤须根为度。松土时，2个人1组，参畦两侧各1人，用手将人参行间和人参株间的床土抓松、抓细，整平床面，床帮用手抓松，增加土壤透气性；在松土的同时，要将参床上、作业道间的杂草清除，做到床上床下无杂草。除草次数根据杂草的生长情况而定，也可以单独除草。

5. 摘蕾、疏花

（1）摘蕾。除留种田，其他地块在开花前、花梗长到5 cm左右时，在距花蕾1/3处将其掐掉。摘蕾宜在晴天进行。

（2）疏花。在留种田，当花序有1/2左右小花开放时，将中央的小花疏掉1/3~1/2，外缘的病弱花和散生花全部疏掉。

6. 采收

适时采收人参，对提高鲜参和成品的产量和质量有重要意义。据研究，气温在15 ℃左右时为人参最佳采收期，一般在8月末至9月中旬采收比9月下旬采收鲜参产量约能提高3.6%，折干率能提高4.4%。因此，必须适时收参，并做到边起、边选、边加工。采收时，切勿伤根断须，也不宜在日光下长时间暴晒。起出的人参应尽快送田间分选棚初分选，随即装包运送至加工厂加工。人参采收见图11-8和图11-9。

图11-8 人参采收机

图11-9 人参采收

三、病虫害防治技术

（一）锈腐病

1. 症状

人参锈腐病主要为害人参的根，地下茎及越冬芽上也有发生。参根受害，初期在侵染点出现黄色至黄褐色小点，逐渐扩大为近圆形、椭圆形或不规则形的锈褐色病斑（图11-10）。病斑边缘稍隆起，中部微陷，病健部界限分明。发病轻时，表皮完好，也不侵及参根内部组织；严重时不仅破坏表皮，且深入根内组织，病斑处积聚大量干腐状锈粉状物，停止发展后则形成愈伤的疤痕。有时病组织横向扩展绕根一周，使根的健康部分被分为上下两截。如病情继续发展并同时感染镰刀菌等，则可深入到参根的深层组织，导致软腐，使侧根甚至主根烂掉。一般地上部无明显症状，发病重时地上部表现为植株矮小、叶片不展、呈红褐色，最终可枯萎死亡。病原菌侵染芦头时，可向上、下发展，导致地下茎发病倒伏死亡；如地下茎不被侵染，则地上部叶片也不会萎蔫，但生长发育迟缓，植株矮小，影响展叶，叶片自边缘开始变红色或黄色。越冬芽受害后，出现黄褐色病斑，重者往往在地下腐烂而不易出苗。

图 11-10　人参锈腐病根部症状

2. 发生规律

锈腐病病菌主要以菌丝体和厚垣孢子在宿根和土壤中越冬。一旦条件适宜，即可通过损伤部位侵入参根，随带病的种苗、病残体、土壤、昆虫及人工操作等传播。参根内都普遍带有潜伏的锈腐病菌，带菌率是随根龄的增长而提高的，即参龄愈大发病愈重。当参根生长衰弱、抗病力下降、土壤条件有利于发病时，潜伏的病菌便会扩展、致病。土壤黏重、板结、积水，以及酸性土和土壤肥力不足会使参根生长不良，锈腐病易于发生。锈腐病菌的侵染对环境条件的要求并不严格，自早春出苗至秋季地上部植株枯萎，整个生育期均可侵染，但侵染及发病盛期是在土温达到15 ℃以上时。

3. 防治方法

（1）加强栽培管理。选地势高燥、土壤通透性良好的森林土或农田地栽参。栽参前要使土壤经过一年以上的熟化，精细整地做床，清除树根等杂物。改秋栽为春栽，移栽时施入鹿粪等有机土壤添加剂，对锈腐病防治效果明显。

（2）精选参苗及处理药剂。移栽参苗要严格挑选无病、无伤残的种栽，以减少侵染机会。参苗可用70%代森锰锌可湿性粉剂600倍浸根12 h，以减轻锈腐病的发生。

（3）土壤处理及清除病株。播种或移栽前用木霉制剂20~25 g/m^2 进行土壤处理。发现病株应及时挖掉，并用生石灰对病穴周围的土壤进行消毒。

（二）菌核病

1. 症状

参根被菌核病侵害后，初期在表面生少许白色绒状菌丝体，随后内部迅速腐败、软化，细胞全部被消解殆尽，只留下坏死的外表皮。其表皮内外形成许多鼠粪状的菌核。发病初期，病株地上部与健株无明显区别，故不易早期发现。后期地上部表现萎蔫，极易从土中拔出。此时，地下部早已溃烂不堪（图11-11）。

2. 发生规律

人参菌核病病菌翌年条件合适时，萌发出菌丝侵染参根。人参菌核病菌是低温菌，从土壤解冻到人参出苗阶段为发病盛期。在东北，4—5月为发病盛期，6月以后，气温、土温上升，基本停止发病。地势低洼、土壤板结、排水不良、低温、高湿及氮肥过多，是人参菌核病发生和流行的有利条件。9月中下旬，土温降到6~8 ℃，病害又有所发展。有性世代在病害流行、传播中不占重要地位。

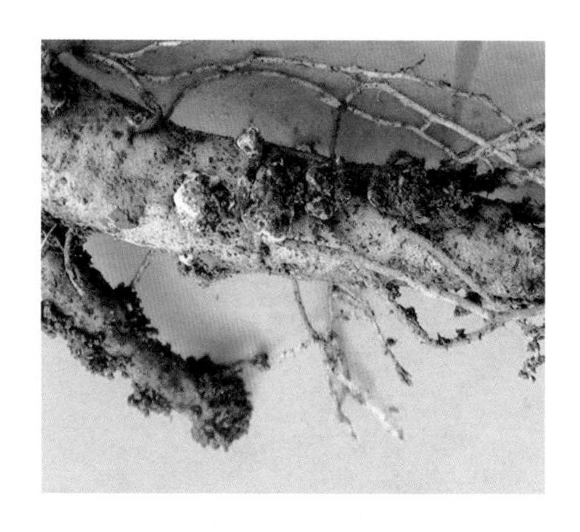

图 11-11　人参菌核病根部症状

3. 防治方法

（1）选择排水良好，地势高燥的地块栽参。早春需提前松土，这不仅可防止土壤湿度过大，而且有利于提高土温。

（2）出苗前用1%硫酸铜溶液或1∶1∶100波尔多液进行床面消毒；及时发现并拔出病株，再用生石灰或1%~5%的石灰乳消毒病穴。

（3）发病初期用药剂灌根，可选择的药剂有50%速克灵可湿性粉剂800倍液、50%扑海因可性粉剂1000倍液。移栽前用上述药剂处理，可起到预防发病的作用。

（三）根腐病

1. 症状

人参根腐病主要为害人参根及根茎部，一般三年生以上的人参发病较重。参苗发病时，根和地下茎呈红褐色，表现立枯症状，最后萎蔫枯死。三年及以上人参，根部病斑褐色，软腐状，边缘清晰，圆形至不规则形，由小到大，数个联合，最后使整个参根软腐。用手挤压病斑，有糊状物出，具浓重的刺激性气味。病情严重时，整个参根组织解体，只剩下中空的参根表皮（图 11-12）。

叶片受害，边缘变黄，并微微向上卷曲，叶片上出现棕黄色或红色斑点，呈不规则形。严重时，全叶片呈现紫红色，最后叶片萎蔫，并由可恢复性发展为不可恢复性。

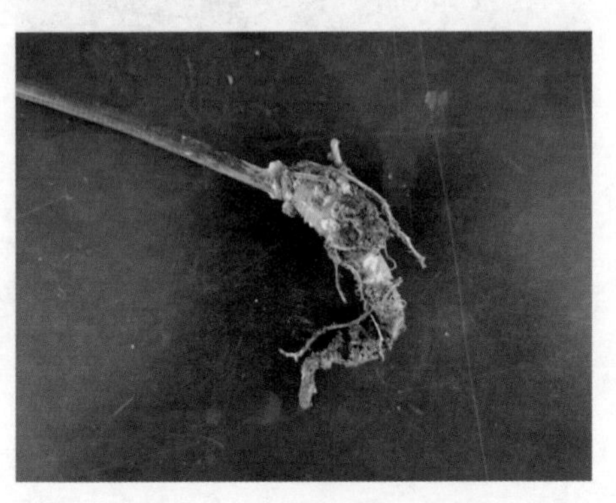

图 11-12　人参根腐病根部症状

2. 发生规律

人参根腐菌是严重危害人参生长的常见病害，其病菌以分生孢子器在田间病残体或土壤中越冬，成为翌年的初侵染源。其在条件适宜时，借助雨水及虫媒传播。在辽宁，病害最早可在 6 月下旬始发，一直持续到 10 月，受降雨和温度的影响，7—8 月为盛发期。天气寒冷、雨水缺少时，病害程度明显降低；种植过密、环境内湿度上升，会增加叶片间互相感染的概率，病原菌易于侵染。

3. 防治方法

选择高燥、通气、透水性好的适宜人参生长的地块，清除残枝落叶，及时松土、除草，减少土壤板结。注意防雨、排涝、通风，栽培密度不宜过大。秋季做好覆盖，防止“缓阳冻”，防寒物可以是落叶、稻草、树根、薄膜、草帘或土等，厚度为 10～15 cm。追肥提倡施用全水溶性肥料，以提高肥料利用率，减少化肥施用量。增施有机肥，增加土壤通透性和土壤肥力，提高人参抗病虫害能力。

此外，采用哈茨木霉菌、枯草芽孢杆菌及解淀粉芽孢杆菌对人参根腐病进行生物防治的效果也比较好。

四、采收初加工技术

（一）采收

在六年生时收获参根，参根重量和皂苷含量随生长年限增长而增加，以六至七生年收获为宜。一般于9—10月茎叶黄萎时，挖取参根较为适宜，过早或过晚对参根产量和质量影响都较大。收获前半个月拆除参棚，先收茎叶。挖时深刨，防止伤根断须。起出的参，要抖去泥土，摘去地上茎，装管运回，并将人参根按照不同品种的加工质量要求挑选分类。在整个过程要做到边起、边选、边加工。

（二）加工技术

（1）红参的加工方法。选择没有病斑的人参根，用刷子刷洗干净，按照大、小、中进行分级，放在蒸盘中蒸2~3 h，先武火后文火。蒸好后取出晒干或烘干，再用温水浸泡软化，同时剪掉上肢（俗称“门丁”）和支根的下段。将剪下的“门丁”和支根捆把，晒干成为红参须；主根即成红参。

（2）生晒参加工方法。生晒参分下须生晒和全须生晒。下须生晒应选体短、有病斑的参；全须生晒应选体形好而大、须全的参。下须生晒除留主根和大的支根外，其余的全部下掉；全须生晒则不下须，为防止参根晒干后须根折断，可用线绳捆住须根，然后加工。下须后洗净泥土，将病疤用竹刀刮净，放熏箱中用硫黄熏10~12 h，取出晒干或烘干即可。

本章参考文献

[1] 赵奇,傅俊范.北方药用植物病虫害防治[M].沈阳:沈阳出版社,2009.

[2] 何运转,谢晓亮,刘廷辉,等.中草药主要病虫害原色图谱[M].北京:中国医药科技出版社,2019.

[3] 周如军,傅俊范.药用植物病害原色图鉴[M].北京:中国农业出版社,2016.

[4] 刘坤,孙文松,沈宝宇,等.辽宁新宾人参根腐病病原真菌的分离与鉴定[J].中国农学通报,2022,38(32):86-91.

[5] 沈宝宇,李玲,张天静,等.人参锈腐病病原菌生物学特性研究[J].辽宁林业科技,2020(4):17-20.

第十二章　酸枣

酸枣［*Ziziphus jujuba* Mill. var. *spinosa*（Bunge）Hu ex H. F. Chow］为鼠李科枣属木本药用植物，是枣的野生种，又名山枣、野枣，主要以其成熟干燥后的种仁入药，中药名为酸枣仁。酸枣原产于中国华北，现分布世界各地。酸枣为落叶灌木，株高 1~4 m，雌雄同花，短枝呈之字形曲折，有托叶刺；叶较小，呈椭圆形或卵状披针形，叶长约 3 cm，叶宽约 2. 5 cm；雌雄同花，常异花授粉，花朵直径约 5. 7 mm；果实近球状或椭圆状，直径 0. 7~2. 6 cm，果皮薄，果肉味酸，果核两端钝；花期 6—7 月，果期 8—9 月。图 12-1 所示分别为酸枣树的短枝、花、叶、果实和酸枣仁。

图 12-1　酸枣树的短枝、花、叶、果实和酸枣仁

酸枣具有耐旱、耐寒、耐贫瘠、适应性广、抗逆性强等特点，常生长于向阳、干燥山坡、丘陵、岗地或平原。酸枣仁富含皂苷类、黄酮类、生物碱类等多种药理成分，具有养心安神、补肝、敛汗的功效，主治心烦失眠、惊悸怔忡、体虚多汗、神经衰弱、多梦、津少口干等症。另外，酸枣是嫁接大枣的良好砧木，还可用于沙漠治理与荒山绿化。

一、产业现状

我国是酸枣的原产地，酸枣种植历史悠久。历史上，我国酸枣分布范围很广，山区平原遍布，但由于近几十年提倡用酸枣作砧木嫁接大枣，不重视种质资源保护，导致目前酸枣仅分布在河北、山西、辽宁、陕西、山东、河南等丘陵山区，其中河北省邢台市是我国酸枣的主产区，产量约占全国总产量的40%。在乡村振兴战略和生态文明建设的大背景下，我国酸枣产业得到了快速发展。酸枣全身是宝，如酸枣树可以作砧木提高大枣抗性，也可以作防沙绿化树改善生态环境；酸枣花期长，花芳香多蜜腺，其花是优质的蜜源；酸枣叶或芽尖炒制成茶叶后泡水代茶可镇静；酸枣果肉富含多糖和维生素 C，可加工成酸枣饮品、酸枣果醋、酸枣果酒、酸枣面、酸枣果酱；等等。具有养心安神作用的酸枣仁是酸枣产业的主要经济产品。河北省邢台市内丘县是全国最大的酸枣仁生产、加工和销售集散地，占全国市场份额的70%以上，素有“中国酸枣之乡”之称。在大健康环境下，酸枣仁市场需求量逐年攀升，目前，国内酸枣年需求量约 1 万 t，未来 3～5 年有望达到 3 万 t，但当前国内的酸枣仁产量已远低于需求，酸枣产业发展潜力巨大。

二、生态种植技术

（一）选地整地

直播育苗地和定植地应选择阳光充足、土层深厚、肥沃、有灌溉条件、土质疏松、方便排水的田块，土质以壤土或砂质壤土为宜。营养杯育苗地应选择阳光充足、有灌溉条件、场地开阔、土地平整、便于搭棚的地块。

育苗地整地时，应在播种前根据土壤肥力情况施足有机肥，深耕翻地，耕翻深度 25 cm 左右，耙细整平做床待播，床宽以 1.5 m 为宜，床间距 30 cm 左右。

营养杯育苗地整地时，应挖育苗坑，以宽度 1 m、深度 15 cm 为宜，坑底整平，轻微夯实。营养杯可选择直径 10 cm、高度 10 cm 的型号。砂质壤土粗筛去除大土块后，根据土壤肥力情况添加有机肥，将有机肥与土壤混匀后装入营养杯待播种。

定植地应根据制定的种植密度或株行距进行定点挖穴，穴径和穴深可根据酸枣苗大小进行调节，一年苗穴径和穴深以 60 cm 为宜。

（二）育苗技术

1. 种子繁殖

（1）直播育苗（图 12-2）。选择成熟度较好的优质酸枣种子。在 4 月中上旬土壤解冻后，将酸枣种子进行机械脱壳去杂，得到酸枣仁种子，采用沟播法进行播种，行间距 30 cm 左右，每亩播种量 2.0~2.5 kg，覆土厚度 3~4 cm，覆土后压实；然后在床上覆盖一层松针，起保温、保湿作用；最后覆盖一层大孔纱网，避免松针被风吹走，可在酸枣苗破土后撤掉纱网。视土壤水分情况进行适时跟踪浇水，待 5~7 片真叶时可少浇水促进酸枣苗生根。幼苗长出5~7 片真叶时进行定苗，株距控制在 15 cm 左右，每亩留苗量控制在 8000~10000 株。

图 12-2　酸枣直播育苗

（2）营养杯育苗。在4月中上旬土壤解冻后，先将优质酸枣仁种子播种至装有营养土的营养杯中，每个营养杯播1~2粒，覆土厚度2~3 cm；然后覆盖薄薄的一层松针，避免土壤板结。播种前，可将优质酸枣仁种子放入30 ℃左右的温水中浸泡1 d进行催芽。在育苗坑中浇适量水，可在松针上喷适量水保持湿度，最后用透光塑料布在育苗畦上搭建宽1.5 m、高1.0 m的小型拱形日光棚，棚内温度保持在30 ℃左右为宜。按照多次少量的原则，定期向松针上喷水，保持土壤湿度。

2. 分株繁殖

酸枣根生长能力强，针对生长健壮、产量高、种仁大、无病虫害的优良酸枣树，可对其周围的根蘖苗进行分株繁殖。春季待酸枣根蘖苗破土10 cm左右后，在距离根蘖苗30 cm处开沟切断其与母株相连的主根，切断后填平浇水，以促使根蘖苗自生须根，培育一年即可移栽。

（三）移栽

选择一年生或两年生的酸枣苗，采取坑栽法进行移栽，春秋季均可移栽。春季移栽应遵循南方宜早、北方宜迟的原则，最低气温回升至10 ℃左右时移栽最佳，南方可在2月下旬至3月上旬进行，北方则推迟到4月中上旬。秋季移栽应在酸枣叶片成熟后期、土壤冻结前的1~3个月进行最佳，通常在9月左右移栽，可避免出现移栽后根部对地上部分营养消耗供应不足而导致死亡的现象。

移栽前可对酸枣苗进行修剪，避免地上部分过多消耗营养。移栽前，应在整好的定植地块上根据种植密度或株行距进行挖穴，种植模式不同，种植密度也不同。根据定植田的自然环境条件及栽培管理方式，可选择株行距0.5 m×3.0 m，0.5 m×4.0 m，1.0 m×2.0 m，1.0 m×3.0 m进行栽植；单一种植时，一般株距

1.0 m、行距 2.0 m，每亩移栽 330 棵左右为宜。穴径和穴深可根据酸枣苗根系长短进行调节，一年苗穴径和穴深以 40 cm 为宜。放入酸枣苗覆土压实，向上提苗，保证酸枣苗须根系向下，再覆土，春植时可覆膜保墒，移栽后浇水培土。对于营养杯苗，待株高 10 cm 左右即可移栽，去除营养杯，将带有土块的酸枣苗移入定植穴中覆土压实即可，第 1 次浇水时应浇足，成活后可适当减少浇水。

（四）田间管理

1. 中耕除草

育苗地中，在酸枣出苗前后及幼苗期间，需人工拔草。定植地为平整地块的，在酸枣定植后、丰产前，可根据实际情况进行间套种农作物或草本中药材，形成以耕代抚的效果。山坡上带状整地的，可在带内中耕除草，每年 3 次，即在 4 月、5 月、7 月中下旬进行，所除之草可埋在植株根际周围作肥料。林木郁闭后，每年 5 月上中旬中耕除草 1 次，秋后深翻改土，深达 30 cm 以上，结合翻地施肥，促使土壤熟化。翻地不需年年进行，可每隔 3~4 年进行 1 次。另外，雨前或土壤过湿不宜拔草。

2. 灌溉与排水

酸枣耐旱，定植苗成活后当年仅需保证不旱即可。但在开花期，酸枣在遭受气候干旱和干热风的情况下，会发生严重的落花现象，在条件允许的情况下，可在傍晚进行田间灌水；若条件受到限制，可用喷雾器向酸枣喷洒清水，每隔 3~5 天进行 1 次，这不仅可减少落花，而且可提高坐果率。酸枣怕涝，长期积水会造成出现烂根现象，严重时会造成植株枯萎死亡。雨季在平整定植地块应挖排水沟，防止积水。

3. 施肥

酸枣较耐瘠薄，在定植后和开花前期，需追施有机肥或尿素，每株施肥 0.5 kg 就能促其生长良好。进入结果期，因消耗量大，每年必须增加施肥次数、肥料种类和施肥量，即于每年生长期间用0.5%~1.0%尿素和磷酸二氢钾混合液进行根外追肥，每月1次。秋季采果后，每株施厩肥或土杂肥30 kg、过磷酸钙1 kg、碳酸氢铵0.5 kg、氯化钾0.3 kg，在植株根际周围开沟施入，这样能恢复树势，减少落果，提高产量。

4. 枣头摘心

植物生殖生长会和营养生长竞争养分，平衡植物中的二者关系可提高单产。在开花初期，枣头（新生长枝）长达30 cm以上时，对不作更新枝的枣头进行摘心，留下3~4个2次枝，可萌发成健壮的结果枝。这是酸枣的主要结果母枝，能长时期连续结果。由于枣头摘心控制了枣头的旺长，减少了养分的消耗，因此能提高坐果率和产量。

5. 环状剥皮

环状剥皮又称开甲，可减少光合作用产物流向根部，使养分尽可能多的供给地上部分的生殖生长和营养生长，因此，在合适的时间进行环状剥皮可促花保果，提高单产。环状剥皮的方法是在盛花期于离地面15 cm左右的主干上环切一圈，深达木质部，隔0.5~0.6 cm再环切一圈，然后剥去两圈之间树皮，环剥宽度以0.5~0.6 cm为宜，或用环割刀进行环割，剥口要保持清洁、不用手触摸，环剥速度要快和准。环剥后20 d左右伤口开始愈合，1个月后伤口愈合面达70%以上。环割应选择阴天或晴天的晚上进行，避免雨水引起伤口感染或高温导致树体损伤。

6. 整形修剪

整形修剪是酸枣树丰产高效的重要栽后管理措施。在定植成活后，即可根据理想树形进行整形修剪。酸枣的丰产树形以主干分层形为好，因为它符合酸枣的自然生长习性。酸枣的修剪主要是培养枣股，因为枣股是酸枣的主要结果部位。

（1）幼树的整形修剪。定植后当年，在树干离地面80 cm处将主干截断，从剪口下 20 cm 范围内选留 3~4 个壮枝，培养成第 1 层主枝，使其呈放射性向四周伸展，形成第 1 层树冠。对于各主枝上萌发的直立性徒长枝，可从基部剪除；平行的细弱枝可保留，以利主枝的生长。主、侧枝上枣头 2 次枝应保留，因为这是酸枣的主要结果部位。对连续延长生长 3 年的枝头进行打顶（即摘除主芽），有利于 2 次枝上枣股的复壮。第 2 年再从当年发出的新枝中选留 3~4 个壮枝，培养成第 2 层主枝，形成第 2 层树冠。第 3 年选留 2 个主枝培养第 3 层树冠。各层间距不等，应依次递减，第 1 层为 50 cm，第 2 层为 40 cm，第 3 层为 30 cm，使整个树体高度保持在 2 m 左右。通过 3 年的整形修剪，即可形成丰产树形。

（2）成年树的修剪。每年冬季及时剪除密生的、交叉的、重叠的和直立性徒长枝，以及病虫枝，以均衡树势和改善树冠内的通透性。对衰老的下垂枝，要适当回缩，以抬高角度，萌发枣头，继续扩大树冠。

（3）衰老树的更新修剪。当年 5—6 月，在更新后长出的枣头中，每隔 60 cm 选留 1 个枣头，除顶端枣头继续延长，其余的进行打顶，以促发新枣股维持树势和继续结果。

三、病虫害防治技术

（一）枣疯病

1. 症状

枣疯病又称丛枝病、扫帚病、火龙病，果农称病树为疯枣树或公枣树，是由枣植原体侵染所引起的、发生在枣属植物上的一种病害。

感染枣疯病的酸枣植株，树体生长缓慢；枝叶受害后，病株一年生枝上的正芽、多年生枝上的隐芽大部分萌发成发育枝，其余的芽大部分萌发成小枝，如此逐渐萌发成丛生枝，病枝纤细，其上着生的叶片小而淡黄，入秋后干枯，不易脱落。病株花器官退化为营养器官，花梗变大，呈明显的小分枝，萼片、花瓣、雄蕊皆可变成小叶，有时雌蕊变成小枝，柱头状顶端变成 2 片小叶，使结果枝变成细小密集的丛生枝。病花一般不结果，即使结果也失去了经济价值。病树健枝虽能结果，但果小、窄，果顶锥形，多半在着色前干缩，糖分降低；果面上有红色条纹斑并凹凸不平，呈花脸形。病果内部组织变成海绵质，不能食用。主根会大量萌发不定芽，形成一丛丛短疯枝，一条侧根上可出现若干丛病根蘖，这种根蘖上长出的枝细、叶小，色黄绿，长到 30 cm 左右便停止，根皮层变褐腐烂，然后整株死亡。图 12-3 所示为感染枣疯病的酸枣植株症状。

（a）枣花芽延长

（b）叶状花器官

（c）丛生枝

（d）幼果异常　　　　（e）成熟果实颜色异常

图 12-3　感染枣疯病的酸枣植株症状

2. 发生规律

植株初发病时，多半是从一个或几个大枝及根蘖先发病，也有全株同时发病的，症状往往由局部到全体。发病后，小树 1~2 年、大树 3~4 年即可死亡，个别可维持到 5 年左右。

枣疯病通过嫁接、分根传播，芽接和枝接等均可传播，接穗或砧木有一方带病即可使嫁接株发病。嫁接后的潜育期长短与嫁接部位、时间和树龄有关，潜育期最短为 25~31 d，最长达 1 年以上。苗木比大树发病快，病原物侵入后，先运至根部，增殖后又由下而上运行到树冠。病原在寄主体内运行的方向与树体养料运行的方向一致，发芽时由上往下，枝叶停止生长时其方向相反。生长季节，病枝和根部都有病原，休眠季节末（3—4 月），地上部病枝中基本没病原，而根部一直有病原。病原可能在根部越冬，第 2 年枣树发芽后再上行到地上部。发病时间一般集中在 6 月。

在自然界中，除嫁接、分根传播枣疯病，也通过害虫（如凹缘菱纹叶蝉、橙带拟菱纹叶蝉）等传播。它们在病树上吸食后，再取食健树，健树就被感染。传毒媒介昆虫和疯病树同时存在，是该病蔓延的必备条件。橙带拟菱纹叶蝉以卵在枣树上越冬，凹缘菱纹叶蝉主要以成虫在松柏树上越冬，乔迁寄主有桑、构、芝麻等植物。山地土壤干旱瘠薄、管理粗放、树势衰弱，发病严重；嫁接苗3~4年后发病重；根蘖苗进入结果后发病重。盐碱地可影响枣树的新陈代谢，能增强枣树的抗病性，因此盐碱地区枣疯病较少发生和扩散。

3. 防治方法

（1）选用抗病品种。选用健壮无病的种苗，选用无病砧木、接穗和母株作为繁殖材料。可对育苗圃进行检疫，从源头杜绝枣疯病的发生。

（2）发现病株，立即清理整株，并用5%石灰乳浇灌树穴。在无枣疯病的枣园中采接穗、嫁接或分根进行繁殖，以培育无病苗木。

（3）加强田间管理。加强肥水管理，增施有机肥和磷、钾肥，缺钙土壤要追施钙肥，增强树势，提高抗病能力，阻止病害传播。通过清除杂草及树下根蘖，杜绝媒介昆虫的繁殖与越冬。

（4）发病初期，每亩喷施0.2%的氯化铁溶液2~3次，隔5~7 d喷1次。每次用药液75~100 kg，对于预防枣疯病具有良好效果。

（二）枣锈病

1. 症状

枣锈病的病症主要表现为在枣叶片和枣果实上。发病初期，在感病叶片背面可见多边形的淡绿色斑点，然后斑点由淡绿色逐渐变为灰色，且有向上凸起的黄褐色斑块形成，病斑上分布的褐色孢子为枣锈病菌的夏孢子堆。夏孢子堆形状不规则，有大有小，多分布于叶片边缘四周和叶脉上，后期孢子堆破裂会散出黄色夏孢子。夏孢子相对应的叶片正面会出现淡绿色斑点，整个叶表面由感病初期的花叶状病害逐渐发展为无光泽的灰褐色病斑，最后严重时叶片干枯掉落。

2. 发生规律

枣锈病属于流行性的真菌病害，通过气流传播侵染。该病可在田间多次再侵染，7 月下旬开始发病，若遇秋季多云多雨天气，则该病极有可能大爆发，8—9 月高温多湿季节是其发病高峰期。

病菌可在病残体及土壤中越冬，翌年条件适宜时侵染叶片，借风雨传播。高温、高湿易于发病。在东北地区，一般于 6 月中下旬开始发病，7—8 月为发病盛期，直至收获均可感染。植株生长过密、田间湿度大及氮肥过多均可加重病情。

3. 防治方法

（1）选用抗病品种。可根据当地的气候、土壤等环境条件及种植模式，选择适宜当地种植的抗病品种。

（2）加强田间管理。保证水肥充足，增强树势和植株的抵抗力。合理的种植密度及栽培模式可防止树体相互遮挡，保证酸枣树透光透气；每年冬季或早春萌芽前进行修剪，可改善树冠通风透光条件，消除枣锈病的发病条件。雨季应挖排水沟，及时排水，避免形成高温高湿的环境。

（3）及时清扫和焚烧发病植株的掉落物（如树叶和枝条），防止孢子侵染其他植株。秋季收获后，及时清除病残体和落叶，以减少越冬菌源。

（三）桃小食心虫

桃小食心虫又名枣蛆、钻心虫、枣实虫、桃蛀果蛾等，卵呈椭圆形，初产卵为橙红色，后变为深红色，近孵卵顶部可看到黑点状的幼虫黑色头壳，卵壳表面具不规则多角形网状刻纹。幼虫体长 13~16 mm，桃红色，腹部色淡，无臀栉，头黄褐色，前胸黄褐至深褐色，臀板黄褐色或粉红色。腹足趾钩单序环10~24个，臀足趾钩9~14个，无臀栉。成虫体长5~6 mm，翅展13~18 mm，雄虫略小于雌虫。全体白灰至灰褐色，复眼红褐色。前翅中部近前缘处有近似三角形蓝灰色大斑，近基部和中部有7~8簇黄褐色或蓝褐色斜立的鳞片。后翅灰色，缘毛长，浅灰色。雄虫有1根翅缰，雌虫有2根翅缰。成蛹后，蛹长6.5~8.6 mm，呈黄白色，近羽化时呈灰黑色，翅、足和触角端部游离，蛹壁光滑无刺。茧分冬、夏两型。冬茧扁圆形，直径6 mm，长2~3 mm，茧丝紧密，包被老龄休眠幼虫；夏茧长纺锤形，长7.8~13 mm，茧丝松散，包被蛹体，一端有羽化孔。

1. 为害特征

桃小食心虫在我国广泛分布，多发生在枣、苹果、梨、杏和山楂等果树上，是酸枣的主要虫害。幼虫蛀食果核周围果肉，并将粪便排于其中，影响酸枣果实生长，大大降低酸枣仁的产量和品质。

2. 发生规律

桃小食心虫每年可发生1~2代，以幼虫在土中结茧越冬，第2年5月左右开始脱出冬茧，然后在石头缝或草根旁吐丝结夏茧化蛹。6月左右，幼虫大量出现，然后长大为成虫，在6月下旬至7月上旬开始羽化。成虫羽化后2~3 d开始产卵，卵期7~10 d。卵孵化为幼虫后，从萼洼附近或果实胴部蛀入果内，随着果实长大，入果孔愈合成一个针尖大小的褐色小黑点，周围稍凹陷。幼虫蛀入果心后，在枣核周围蛀食果肉，边吃边排泄，核周围都是虫粪，而虫果外形无明显变化。幼果蛀虫后期会落果，果内成虫会结夏茧化蛹，成虫羽化后产卵，形成的第2代幼虫继续为害枣果，直至酸枣成熟后期，虫果脱落，幼虫在土中结冬茧越冬。

3. 防治方法

（1）及时摘除并清理虫果。

（2）在越冬幼虫出土前，在酸枣根部周围覆盖地膜，防止越冬代成虫飞出产卵。

（3）桃小食心虫虽无趋光性和趋化性，但有趋异性。可在6月成虫大量出现时，利用桃小食心虫性诱剂诱捕成虫。

四、采收初加工技术

酸枣定植后第2年就会大量开花结果。抢青采收酸枣会严重影响酸枣仁的产量和质量，以在9—10月酸枣果皮颜色呈红色完全成熟时进行采收为宜。采收时，可用便携式酸枣采摘机进行采摘，避免酸枣刺扎伤，提高采摘效率。另外，采收过程中应尽量避免伤害树体，以免影响下一年产量，杜绝砍伐式采收。

新采收的酸枣鲜果，可立即低温清洗、压榨、灭菌加工成酸枣汁；也可用水闷泡1~2 d，搓去果肉，捞出枣核晒干，用酸枣仁加工机碾破枣核，分离出种仁，将分离出的酸枣仁进行通风晾晒，待风干后存放于清洁、阴凉干燥、通风的仓库中，防止回潮发霉和虫蛀。

本章参考文献

[1] YANG J Q, SHEN Z M, QU P Y, et al. Influences of jujube witches' broom (JWB) phytoplasma infection and oxytetracycline hydrochloride treatment on the gene expression profiling in jujube[J/OL]. International journal of molecular sciences, 2023, 24(12): 10313[2023-09-21]. https://doi.org/10.3390/ijms241210313.

[2] 张玉琴,张玉霞.陇东枣园桃小食心虫发生危害现状及无公害防治[J].中国果树,2016(2):51-54.

[3] 陈玉鑫,张钰析,刘锦春,等.枣疯病研究进展[J].延安大学学报(自然科学版),2023,42(1):90-95.

[4] 回虹燕,陈孟媛,张昊,等.枣锈病研究进展及防控策略[J].延安大学学报(自然科学版),2022,41(1):48-51.

第十三章　威灵仙（辣蓼铁线莲）

威灵仙为毛茛科植物威灵仙（*Clematis chinensis* Osbeck）或棉团铁线莲（*Clematis hexapetala* Pall.）或辣蓼铁线莲（*Clematis manshurica* Rupr.）的干燥根和根茎。秋季采挖，除去泥沙，晒干。具有祛风湿、通经络、止痹痛的功效，用于治疗风湿痹痛、肢体麻木、筋脉拘挛、屈伸不利等症。目前辽宁省威灵仙药材的主栽品种为辣蓼铁线莲（以下简称威灵仙）。

威灵仙（图 13-1）为多年生草质藤本。茎圆柱形，具细肋棱，节部和嫩枝被白毛，后近无毛。叶对生，三出羽状复叶；小叶片 5 片或 7 片，有时 3 片，卵形或卵状披针形，基部圆形、楔形或歪形，先端渐尖，全缘，稀 2~3 裂，无毛，叶脉突出，无毛或沿叶脉疏生柔毛。圆锥状聚伞花序腋生或顶生，多花，花梗有短柔毛或近无毛；萼片 4~5，白色，长圆形或狭卵形，外面有短柔毛，边缘密被白色绒毛；雄蕊多数，无毛。瘦果近卵形，褐色，扁平，边缘增厚，宿存花柱长 2.5~3.5 cm，有长柔毛。花期 6—8 月，果期 7—9 月。

威灵仙在我国分布于辽宁、吉林、黑龙江、内蒙古、山西等地，生于山坡灌丛中、杂木林内或林边。

图 13-1　威灵仙原植物植株形态

一、产业现状

威灵仙药用价值很高，被称为治疗风湿痹痛的良药，种植前景佳，目前市场行情较好，种植一亩地可以产 500 kg，按照现在的市场收购价格估算，每年的亩产收益还是很高的。

威灵仙具有较高的栽培价值，根及茎入药具有祛风湿、通经络、消骨梗的功效，全株可作农药，防治造桥虫、菜青虫、地老虎等，用途很广。随着市场行情的大好，其种植前景也很不错，这几年威灵仙的种植面积越来越大，产生的经济收益也越来越可观。

二、生态种植技术

（一）选地与整地

选择土层深厚疏松，土质肥沃湿润、排水良好的砂质壤土及腐殖质壤土为宜。切忌选择黏重土壤、积水地块及上茬覆盖过地膜的地块。

选好地块后，清理杂草或枯萎作物，集中掩埋或进行无害化焚烧，以增加土壤肥力、减少病虫害发生、活化土壤。深翻土壤，做到土地平整、疏松。做宽 120 cm、高 25~30 cm 的床，作业道宽 40 cm，做床时施入有机肥 850 kg/hm^2。最好施用适量微生物有机肥来改善土壤、增加产量、提高品质。

（二）育苗技术

1. 种子采收

每年 8—9 月，采集威灵仙的成熟种子。种子成熟标准为表面积 80%变为褐色（图 13-2）。将采集的种子进行分拣，剔除不饱满或有病变的种子。

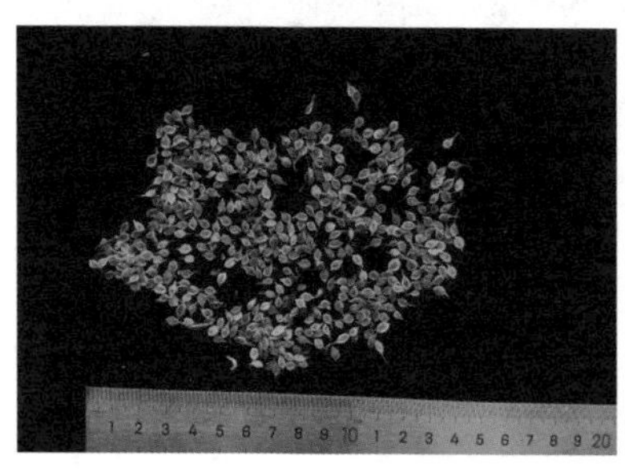

图 13-2　威灵仙种子形态

2. 露地直播

直播一般选择春播，于 4 月上中旬进行。直播多采用条播，用种量一般为 7. 5 kg/hm^2，顺畦按照行距 25~30 cm 开 2~3 cm 的浅沟，将种子均匀播入沟内，覆土 1~2 cm 后轻轻镇压，浇透水，畦面覆盖稻草 2~3 cm（图 13-3）。一般播种后 60~80 d 开始发芽，出苗后及时喷灌。苗高 3~5 cm 时适当间苗，苗高 8~10 cm 时，按株距 20 cm 定苗。

图 13-3　威灵仙做床育苗

3. 保护地育苗

采用床播方式，苗床宽 1.2 m，苗床间作业道宽 0.4 m。做床前整地时施入有机肥 850 kg/hm^2，混合均匀后做床。按照苗床数量将种子均匀等分，播种时要均匀地撒播或者条播，条播行距为 15~20 cm，播种后立即覆土，覆土厚度 1~2 cm，然后用稻草均匀覆盖床面，覆盖到不漏畦床表面即可。及时检查床面，发现床面土壤干旱及时喷灌，人工拔除杂草，注意不要将种子或种苗带出。

（三）无性繁殖

无性繁殖选用根芽繁殖，秋季植株枯萎时，采挖野生或家植多年生根部，进行分根，每丛根部带 2~3 个更新芽，在做好的畦上，按照行、株距 30 cm×20 cm 开穴栽植，覆土 3~4 cm。土壤干旱时，要浇透水，及时喷灌。

（四）移栽

种苗繁育圃地的威灵仙幼苗生长 2 年后，适宜移栽，移栽的时间以清明节后为宜。将种苗繁育圃地中干枯、残损、病虫害严重的幼苗全部拔除。选择健壮、挺直的幼苗作为采种苗留存，并将留存下来作为采种苗的苗株进行标记和编号，其余未做标记的健康幼苗就是之后需要起出移栽的幼苗。

由于威灵仙的地上部与根部的连接部十分娇弱，很容易折断，而其根部又比较发达，因此，在起苗过程中，需十分小心，在苗株圆柱体 5 cm 外开始起挖，挖掘深度要大，尽量确保根系完整。移栽幼苗起出后，如不能马上移栽，则应喷水后保存。

移栽前，对成药栽培圃地进行 1 次全面的除草；对成药栽植圃地的苗床进行犁沟作业，在每趟苗床上犁出 8~10 cm 平行于垄沟的栽培沟，沟深 5 cm 左右。然后将移栽幼苗栽植于沟中，幼苗间隔均匀适当。将犁沟填土后，在苗床上再培土，培土厚度为 3~5 cm。移栽后，对成药栽植圃地喷灌 1 次，保证土壤含水率在 20%~30%。

（五）田间管理

1. 插架条

移栽当年或者不需要留种，则不用搭架，开花后人工把花削掉，这样可以增加根的产量，节省投资。留种田需要搭架，架条可以用竹竿或松枝，高 1.5 m 以上，架条间隔 1 m 左右，在离床面

70 cm处，每4根架条用稻草或者抗老化尼龙绳固定，绑在一起，呈棱锥形；也可以用1 m长木桩，每隔4~5 m在床两侧固定后，用12号的铁丝或者尼龙绳拉线2~3道，防止地上茎倒伏。

2. 中耕除草

播种田和移栽田均要及时除草，做到有草快除，保持床面无杂草。一般每年除草3~4次，结合除草适当中耕。

播种后进行1次全面除草，出苗前2~3 d再进行1次全面除草，之后每年进行3次除草，以免影响幼苗出苗及生长。以人工除草为主，拔草时将草连根拔出。

3. 施肥

当繁育圃地的威灵仙幼苗基本出齐后，使用植物免疫诱抗蛋白，用量为585 g/hm^2，兑水39 kg。建议使用农家肥，追施腐熟清淡粪水1.5万 kg/hm^2；6—7月，每亩追施腐熟饼肥30 kg。

4. 灌溉和排水

水分是影响威灵仙种子萌发最重要的条件。太过干旱，种子会处于休眠状态，不易萌发；太过水涝，种子则可能腐烂死亡。因此，覆草处理后，60 d左右出苗，在这期间要保持覆草、覆土层水分充足，每天喷灌1~2次，让土壤含水率保持在20%~30%，低于20%就需要灌溉，采取床面喷灌。每年的6—8月降雨较多，应注意排涝，防止田间积水。10月下旬至11月上旬，若床面干燥，应向床面喷足封冻水，可有效预防幼苗春季干旱，平抑土壤温度，提高幼苗的抗寒能力，保证幼苗安全越冬。

三、病虫害防治技术

（一）斑枯病

1. 症状

威灵仙斑枯病主要为害叶片，病斑近圆形，深褐色，直径

1.6~4.8 mm，叶片正面着生小黑点（即分生孢子器），如图 13-4 所示。发病严重时茎秆枯黄，叶片脱落。

图 13-4　威灵仙斑枯病症状

2. 发生规律

每年 6 月下旬开始发病，7—8 月进入流行高峰，9 月中下旬病害终止。湿度大时产生黑色小斑点，为叶斑病病菌分生孢子器。通常植株下部叶片先发病，然后逐渐向上部叶片发展，严重时除了顶部新生叶片，全部感病枯死。发病严重的地块，植株全部发病，叶片完全干枯，仅剩残枝败叶，似火烧过一样。一般在生长中、后期的 7—8 月高温多雨季节发病严重。

3. 防治方法

（1）严格选地。选择地势平坦、排水良好及土层深厚、疏松、肥沃的砂土或砂质壤土地种植。

（2）土壤深耕。播种或移栽前要多次耕翻土壤。

（3）种苗选择。尽量选取无病的种子、种苗，要到无病区去引种。

（4）田间管理。保持田间清洁，及时清除杂草，发现病株、病叶应及时清除，并用加倍药液处理病区。秋末要将残株、病叶清理并运至田外烧毁或深埋，消灭病源。

（二）锈病

1. 症状

威灵仙锈病主要为害叶片，也可为害叶柄和茎秆。叶片正面出现黄色褪绿斑点，叶背出现大量疹状锈粉状物，为病菌夏孢子堆，发病严重时布满叶背，叶片枯黄。

2. 发生规律

东北地区 6 月上中旬始发，7—8 月温度升高、雨量较大，病害蔓延迅速。田间种植密度过大、氮肥过多、高湿多雨易于发病。

3. 防治方法

（1）加强栽培管理，提高植株抗病性。

（2）彻底清除田间病残体，并集中深埋腐熟或烧毁，降低越冬菌源基数。

（三）白粉病

1. 症状

威灵仙白粉病主要为害叶片，发病严重时，茎秆和叶柄也会被感染。最初症状为出现不规则的圆形、点状白粉斑，后逐渐蔓延，发展成密集的白色菌丝和分生孢子，分布于叶片和嫩茎表面（特别是在叶背），粉状物合并覆盖整个叶片（图 13-5）。后期，病叶及茎上散生大量小黑点，即病原菌的有性世代闭囊壳。发病严重时，通常引起嫩叶畸形、老叶变黄、早期脱落，以及茎干枯。

2. 发生规律

白粉病病菌以闭囊壳在病残体上越冬，翌年春暖后，温度适宜时产生子囊孢子，借风雨传播，引起初侵染。病原菌在寄主病部产生分生孢子，借气流传播，进行多次再侵染。在东北，一般

图 13-5　威灵仙白粉病症状

6 月下旬为始发期，7—8 月为盛发期。白粉病发病适温为 16~24 ℃，最适宜的相对湿度为 75% 左右。湿度大、空气不流通等易于发病。

3. 防治方法

（1）施行轮作，避免在低洼积水地种植，雨后及时排水。

（2）加强田间管理，合理密植，以利于田间通风、透光。施肥时合理搭配氮、磷、钾肥，适当增施磷、钾肥，以增强抗病力。

（3）及时清除田间病残体，并集中深埋或烧毁，减少菌源基量。

（四）红棕灰夜蛾

红棕灰夜蛾属鳞翅目夜蛾科昆虫。成虫体长 15 ~ 18 mm、翅展 38 ~ 42 mm；棕色至红棕色，腹部褐色，腹端具褐色长毛；前翅上剑纹粗大、褐色，环纹灰褐色、圆形，肾纹不规则、较大、灰褐色，外线棕褐色、锯齿形，亚端线在中脉后部呈锯形，缘毛褐色；翅基片长，毛笔头状；后翅大部分红棕色，基部色淡，缘毛白色；下唇须红棕色，向上斜伸；足红棕色，胫节具长毛，前足胫节外侧具白边，前、中足胫节基部无黑点，各足跗节均有白色环。卵半球状，宽0.65 mm，高0.4 mm，中间具纵棱约50条，棱间有细横格，初产浅绿色，后变紫褐色。末龄幼虫体长35~45 mm、头宽3.0~3.5 mm，具褐色网纹，背线和亚背线各具一纵列白色小圆斑，圆斑上生棕褐色边，每节每列6~7个；毛片圆形黑色；气门线黑褐色，沿上方具深褐色圆斑；气门下线浅黄色至黄色，腹足颜色与体色相同；趾钩单序带，初孵幼虫浅灰褐色，腹部紫红色，全体布有大而黑的毛片，足呈尺蠖状，取食后至3龄幼虫绿色或青绿色，4龄后出现红棕色，6龄时基本变为红棕色。蛹长18~20 mm、宽6~7 mm，深褐色，下腭须达第4腹节后缘，蛹体较粗糙，臀棘粗短，末端分成二叉。

1. 为害特征

红棕灰夜蛾以其幼虫咬食威灵仙叶片呈缺刻或孔洞，严重者整片叶子被吃光，只留下叶脉与茎，影响威灵仙生长，甚至造成威灵仙整株死亡。

2. 发生规律

红棕灰夜蛾以蛹越冬，翌年5月产生第1代幼虫，8月上旬出现第2代成虫，交配产卵，1~2龄幼虫集体在叶背蚕食叶肉，3龄后开始分散，4龄时出现假死性，白天多栖息在叶背或叶心上，5~6龄进入暴食期，24 h即可吃光1~4片叶子。幼虫进入末龄后白天隐居于叶背，夜间取食，受惊有蜷缩落地习性。成虫有趋光性。

3. 防治方法

安置黑光灯诱杀，或人工捕杀幼虫。

为害威灵仙的害虫还有蝼蛄、蛴螬、地老虎、鼢鼠、田鼠等，但一般为害较轻，可进行人工捕杀，必要时可配制毒饵，于傍晚撒于田间诱杀。

四、采收初加工技术

（一）嫩苗采收与加工

5 月上中旬，当幼苗长至 20～30 cm 时，将其幼嫩部位采回，立即置入沸水中焯 10～15 min，捞出后放入冷水中浸泡30 min，再捞出即食、盐渍或晒干备用。

（二）根的采收与加工

一般生长 3 年后采收根茎入药。秋季威灵仙茎叶枯萎时，挖取根茎，除去茎叶和泥土，晒干即成（图 13-6）。

图 13-6　威灵仙产地初加工及药材商品

本章参考文献

[1]　姜涛.威灵仙标准化栽培技术[J].现代化农业,2021(4):35-36.

[2]　李昀峰.辣蓼铁线莲人工栽培[J].中国林副特产,2016(5):65-66.

[3]　赵奇,傅俊范.北方药用植物病虫害防治[M].沈阳:沈阳出版社,2009.

[4]　何运转,谢晓亮,刘廷辉,等.中草药主要病虫害原色图谱

[M].北京:中国医药科技出版社,2019.

[5] 周如军,傅俊范.药用植物病害原色图鉴[M].北京:中国农业出版社,2016.

第十四章　西洋参

西洋参（*Panax quiquefolium* L.）是五加科人参属多年生草本植物（图 14-1）。根为肉质，其形状有椭圆形和纺锤形，外皮表面呈浅黄色，较细致光滑，生长茂盛，断面的纹理具有菊花状（图 14-2）；茎为直立圆柱形，光滑无毛，绿色或暗紫绿色，茎的高矮随参龄不同而不同；叶一般由 5 片小叶组成掌状复叶，小叶片为倒卵形或卵形，叶较薄，边缘有不规则的粗锯齿，一般一年生西洋参植株只有 1 枚 3 片小叶的复叶，二年生西洋参植株有 1 枚或 2 枚对生 5 片小叶的复叶，三至五年生西洋参植株有 3 ~ 5 枚轮生 5 片小叶的复叶；花从茎顶中心抽出花薹，由许多小花组成伞形花序；浆果形状为扁圆形，呈对状分布，成熟后的颜色为鲜红；花期、果实成熟期分别为 7 月和 9 月。

图 14-1　西洋参植株

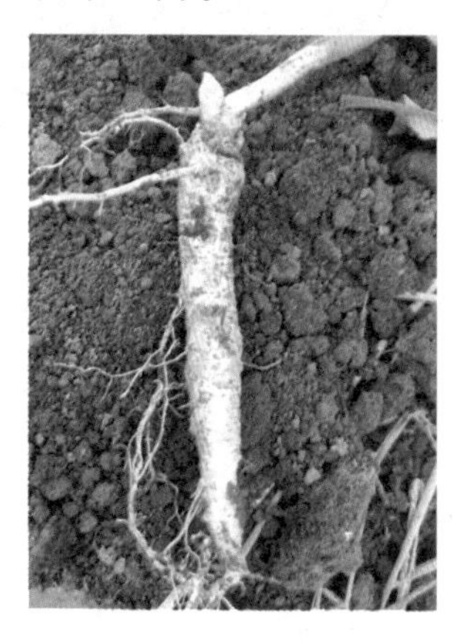

图 14-2　西洋参根部

西洋参原产北美洲，自然分布于北纬 30°~48°、西经 67°~95°的美洲森林中，即加拿大的东南部和美国的东部，包括加拿大的蒙特利尔和魁北克、美国的纽约州和密苏里州等地。西洋参喜土质疏松、土层深厚肥沃、富含腐殖质，透气、透水、保肥保水性能好，有良好团粒结构的壤土、砂质壤土或森林棕壤；喜斜射光、散射光，忌强光；生长期需要较高的空气湿度（年降水量在 1000 mm 左右）。图 14-3 所示为种植的西洋参。

图 14-3　种植的西洋参

西洋参是一种“清凉”参，其味苦、微甘，性凉，具有滋阴补气、生津止渴、除烦躁、清虚火、扶正气、抗疲劳的功效。西洋参中含有的人参皂苷成分具有提高人体抵抗力的作用。

一、产业现状

20 世纪 70 年代开始，西洋参在中国东北、华北、华中、西北部分地区引种栽培成功。长期以来，我国西洋参种植多为引种栽培，农家栽培西洋参多自留种。

《中华人民共和国药典》（2020 年版）收载西洋参为原药材，认为西洋参具有补气养阴、清热生津的功效，可用于缓解和治疗气虚阴亏、虚热烦倦、咳喘痰血、内热消渴、口燥咽干等病症。2020 年将西洋参的干燥根纳入食药物质目录管理。西洋参可药食同源，具有“空腹食之为食物，患者食之为药物”的功能。我国西洋参年需求（即药用、食用、茶饮）量为 3500～4000 t。2017 年，除了国内的产量，我国每年还从美国和加拿大进口大量的西洋参，进口量在 1500 t 左右。近几年西洋参产量和进口总量在 3000～3500 t。

据不完全统计，2001 年以前辽宁省西洋参种植面积约为 100 hm^2；2002—2016 年种植面积增至 400 hm^2；2018—2019 年辽宁省西洋参主产区种植面积达到 2033 hm^2；到了 2020 年，受倒春寒影响，种植面积缩小到 1320 hm^2。目前，辽宁省从事西洋参种植的专业合作社有 10 多家，主要从事西洋参的种植、收购和初级加工，为种植户提供产前、产中、产后服务，同时帮助解决栽培中存在的一些技术问题。

我国西洋参按照生长环境可分为林下西洋参和栽培西洋参。林下西洋参生长在中国东北地区森林中，由于自然生长环境没有进行人为的（如施肥、打药等）栽培管理，受到外界的污染极少，生长缓慢，当生长 15 年以上时，其质量趋近于野生西洋参。栽培西洋参为在农田栽培或毁林栽培的西洋参，应该生长满 4 年收获，但是由于市场供求关系的变化或管理水平的限制，部分西洋参种植 3 年即收获。同样，市场需求也催生了五年生以上的产品（如五年生、六年生、八年生、十年生的西洋参）。随着生长年限的增加，西洋参的质量会有较大的提高。

随着国内外市场对西洋参需求量的逐年增加，以及人们掠夺性地采挖，使西洋参野生资源锐减，栽培品种品质退化，科学种植水平落后，缺乏品种、品牌、产品的全产业链监管措施。目前，辽宁省西洋参标准化育苗基地不足10个，少数育苗基地存在重复自留种现象，良种选育和标准化种植技术落后，很难从根本上保证西洋参的药效质量。因此，开展《中药材生产质量管理规范》（GAP）认证、建立品种驯化及良种繁育基地、加强栽培管理及质量监管、加强标准化生产示范推广势在必行。

二、生态种植技术

（一）选地整地

在我国低纬度地区，宜选择海拔高度800~1100 m的山地阔叶林地带或肥沃的园田（土壤呈微酸性，富含腐殖质，土层较厚，且易于排水，气候凉爽而湿润），以周围有灌溉条件的休闲地或生疏地为好。应在播种前1年的春、夏进行深耕，深度30 cm左右，休闲1年，使土壤暴晒风化，每平方米拌50%多菌灵8 g，进行土壤消毒。再施入2~3 kg腐熟厩肥、1 kg骨粉或过磷酸钙，与畦土混匀，整平耙细，筑成宽1.2 m、深25 cm的高畦，作业道宽70~80 cm，以利排水、空气流通和接受散射光。

（二）育苗技术

1. 种子繁殖

西洋参的种子属胚后熟类型，具有长期休眠的特征，因此必须经过种子处理，使其完成形态后熟和生理后熟。西洋参种子的形态后熟最适温度为10~15 ℃。将种子拌清洁的细沙储藏，保持7%的湿度，置于地下室内，在温度10~15 ℃下处理60 d后，其裂口率可达80%以上，胚长达4.25 m以上。西洋参种子在形态后熟阶段之后，还须在0~5 ℃的低温下处理120 d，才能通过生理后熟阶段而发芽，其发芽率达85%左右即可播种。播种采用点播，宜在4—5月进行，或在秋末冬初。株行距5 cm×10 cm，每穴播入种子2粒，播后覆土3 cm，上盖腐熟落叶或稻草等10 cm，浇水保湿。每亩播种量为5~6 kg。

2. 种子消毒

播种前，需精心挑选西洋参种子。应选择种胚发育完全、无病斑的裂口种子。用50%多菌灵300~500倍液或65%代森锌600倍液浸种15~30 min，对根部病害和烂种有一定的防治效果。

（三）移栽

参苗经培育2年后，按照株行距12.5 cm×25.0 cm进行移栽。以秋季10月末地上部植林枯萎后栽植为好，也可春栽。要按照大、中、小分级栽培。多采用斜栽法，栽植沟与地面保持40°~45°的斜角，栽时根部朝下、芽朝上，沟内撒施一些骨粉，覆土厚约5 cm，然后畦面覆4~5 cm树叶或短节麦草，或再加盖3 cm的锯木屑，以保持幼苗安全越冬和防止杂草滋生。

（四）田间管理

1. 架棚遮阳

西洋参是林下阴生植物，忌直射阳光，无论在林下还是在农田栽培，都需要架棚遮阳。棚的透光度为25%~30%，即荫蔽度为70%~75%。林下栽参，也要按畦搭棚适当遮阳，棚高2 m。伐林栽参，可采用弓形棚或双透帘（同人参栽培）。农田栽参，用细竹子编成帘子，搭成平顶大棚，棚柱高2 m，边缘棚柱高1.2 m，呈弓状。竹帘长4 m、宽2 m，用铁丝固定在棚架上。每年4月中旬出苗前架棚，9月倒苗后把棚架上的竹帘取下，翌年再用。

2. 施肥

于每年10月地上部植株枯萎时，在株间开3~5 cm的浅沟，每平方米施入腐熟肥2.0~2.5 kg、骨粉0.5 kg、复合肥0.05 kg。生长期要重视追肥，如6—7月生长旺盛时期，用2%过磷酸钙加

0.3%尿素，在10：00前或15：00后进行根外追肥。每年追肥1~3次，效果明显。

3. 覆盖

夏至后至处暑前，为避免阳光直射，要在作业道空间及畦面上覆盖腐熟的落叶、稻草及锯木屑等。尤其要盖上一层厚厚的落叶，这既可以在冬季保暖防寒，又可以在夏季防止水分蒸发，避免棚内和畦面温度过高，对西洋参生长极为有利。

4. 灌溉

水分是西洋参生长不可缺少的条件。在西洋参生长期应保持土壤含水量在40%~50%。除自然降水，可通过灌溉来满足西洋参对水分的要求。

5. 适当疏花疏果

对二年生和非留种田的三、四年生西洋参，在花梗长到1~2 cm时，选晴天摘除花果、花蕾，以免消耗植株的营养，保证根部营养的吸收。对三、四年生留种田的西洋参，摘除花序中部小花，进行疏花，以集中营养，促进结实率，提高种子千粒重，培育优质种子。疏花疏果后应及时喷洒农药，防止病从“口”入。疏下的花蕾、果实干后可作茶饮用，有较高的滋补作用。

三、病虫害防治技术

（一）疫病

1. 症状

西洋参疫病发病部位为叶片、叶柄及根部。叶片、叶柄初期染病呈水渍状暗绿色，似水烫过一样，后病斑扩展，病部呈黑绿色，软化下垂。田间湿度大时，病斑上生出黄白色霉层。根部染病呈淡褐色软腐状，皮层剥离，参肉呈黄褐色，有深黄褐色花纹，有腥臭味，后期参根近地表处长有白色菌丝，与土粒黏附在一起，根腐。

2. 发生规律

西洋参疫病以卵孢子在土壤中越冬。翌年当气温达到 15 ℃以上时，卵孢子可作为初侵菌源，在气温达到 20 ℃时孢子囊释放出游动孢子，直接侵染参根、叶及叶腋。其靠雨水淋溅及接触传播。气温在 20～25 ℃，出现连阴雨天气，该病易于发生与蔓延。

3. 防治方法

（1）搞好田间卫生，秋后及时清除病残体并烧毁或深埋。

（2）夏季要多次进行中耕翻土；秋季落叶后及早春发芽前，要在地表喷 1∶1∶100 的波尔多液或地菌剂，减少初侵染源。

（3）科学配方施肥，稳氮、增磷、补钾，使植株健壮生长，提高抗病能力。

（4）科学种植，推广地膜覆盖和避雨栽培法。

（5）发病初期用 25%瑞毒霉可湿性粉剂 500～600 倍液或 90%乙磷铝可湿性粉剂 400 倍液加 85%黄腐酸 50 g 叶面喷洒，每亩喷药液 40～50 kg；也可用 58%赛福可湿性粉剂 400～500 倍液，72%克露可湿性粉剂 800～1000 倍液及菌无菌、克菌水剂 1500～2000 倍液喷洒，每隔 7 天喷 1 次，连喷 2～3 次。

（二）灰霉病

1. 症状

西洋参发生灰霉病后，茎上病斑褐色，后扩展致使茎叶萎缩枯死。病菌易从摘断的花梗处侵染发病，致使叶柄腐烂、脱落。叶上病斑灰褐色，多从叶尖或叶缘开始侵染，一般病斑较大。果实受害处的籽实褐色干枯。此病特点是被害部位密生灰色霉状物。

2. 发生规律

密度过大、通风透光差、土壤板结、氮肥过多等均可加重灰霉病的发生和流行。5 月上中旬开始发病，6 月中旬至 8 月中旬均为发病盛期。持续低温多雨极易导致此病快速发生和流行。雨季为发病盛期。

3. 防治方法

（1）畦面消毒。春秋季可用 1% 硫酸铜进行畦面消毒，防止未出土的幼茎感病。

（2）注意及时松土、排水，以提高地温。

（3）发病初期用黑灰净 1000~1500 倍液、秀安 800~1000 倍液、多霉清 800~1000 倍液、密霉胺 800~1000 倍液等药剂轮流喷雾防治 1~2 次。

（4）重视通风降湿。

（5）掐花后，及时喷施阿米西达 1500 倍液加天达参宝 600 倍液，防止从掐断的花梗处感染病菌。15~25 d 后再施一次。

（三）锈病

1. 症状

西洋参锈病主要为害根部。先期出现黄褐色小点，逐渐扩大为圆形、椭圆形或不规则形的锈色病斑，与正常的无病部位分界明显。严重时不仅破坏表皮，而且深入到根内组织，病处积累大量锈粉状物，呈干腐状或主根横向烂掉。地上植株矮小，叶片不展，呈红褐色，最终枯萎死亡。

2. 发生规律

锈病病原菌以菌丝体和厚垣孢子在宿根和土壤中越冬，为害各参龄的参根，带菌率随参龄增长而提高。参根发生烧须或其他损伤，易诱发病害；土壤黏重、板结、积水、酸性，易于发病。

3. 防治方法

（1）前茬作物以禾本科作物为宜。

（2）精选无病种苗，做好种苗的消毒工作。

（3）移栽前用哈茨木霉处理土壤，对防治锈病能起到较好的效果。

四、采收初加工技术

（一）采收

栽培西洋参一般以 4 年收获最好，也有 3 年或 5 年收获的。收获时间可在 9 月中旬至 10 月中旬。多用人工采挖。起收西洋参时，先要将地上部分枯枝落叶及床面覆盖物清理干净，床土湿度过大时，可晾晒 1~2 d。然后用镐或叉子、三齿耙将床头、床帮的土刨起，再从参床的一头开始将西洋参刨出，边刨边拣，抖去泥土，运回加工。起收的量应根据加工能力而定。

（二）加工技术

（1）干洋参的加工。鲜参起收后，洗净泥土，去掉残茎，分级装盘，晾晒 1 h，待表面水分散干后置入低温干燥间。烘干的温度要求起始温度为 25~26 ℃，持续 2~3 d，然后逐渐升至 35~36 ℃。在参主体变软后，再使温度升至 38~40 ℃，2~3 d 后逐步降至 30~32 ℃，直到烘干为止。整个烘干时间为 2 周左右。烘干的相对湿度要求为：初期 60%左右、中期 50%、后期 40%以下。

（2）白洋参的加工。鲜参起收后，洗净泥土，除去残茎，稍晾晒，下须，置净水中泡 3 h，捞出后晾晒 2 h，散去表层水分，使皮层组织因失水而老化，再将参置于 70~80 ℃的热水中烫制 30~40 min。由于西洋参多短枝形，因此烫制时间要稍长，细长枝可适当缩短时间，熟软时即可捞出，迅速置冷水中冷却，捞出后晾晒 1 h，将参置 60 ℃的条件下干燥 36 h，后降至 32~35 ℃，经 7~10 d 即可全部干透。

（3）红洋参的加工。鲜参起收后，洗净泥土，除去残茎，选浆足无病参放入蒸锅内蒸，圆气后，常压慢火蒸 4 h，取出晾晒

4 h，置 60 ℃条件下干燥 36 h，温度再降至 32~35 ℃，经 7~10 d 即可全部干透。

本章参考文献

[1] 赵奇,傅俊范.北方药用植物病虫害防治[M].沈阳:沈阳出版社,2009.

[2] 何运转,谢晓亮,刘廷辉,等.中草药主要病虫害原色图谱[M].北京:中国医药科技出版社,2019.

[3] 周如军,傅俊范.药用植物病害原色图鉴[M].北京:中国农业出版社,2016.

第十五章　兴安升麻

兴安升麻（*Actaea dahurica* Turcz. ex Fisch. et C. A. Mey.）为毛茛科多年生草本植物。《中华人民共和国药典》（2020 年版）将其根茎与大三叶升麻［*Actaea heracleifolia*（Kom.）J. Compton］和升麻（*Actaea cimicifuga* L.）的干燥根茎作为中药，统称升麻。升麻始载于《神农本草经》，“主解百毒，辟温疾、障邪”。其味辛、微甘，微寒；归肺、脾、胃、大肠经。具有解表透疹、清热解毒、升举阳气的功效，用于治疗风热头痛、齿痛、口疮、咽喉肿痛、麻疹不透、阳毒发斑、脱肛、子宫脱垂等症状，已广泛应用于临床。升麻的主要化学成分为异阿魏酸、苯丙素类、环羊毛脂烷型三萜皂苷或其苷元、色酮类、含氮化合物和挥发油等，其中异阿魏酸在兴安升麻中含量最高，《中华人民共和国药典》（2020 年版）也以异阿魏酸作为主要检测指标。同时，升麻被列为保健食品的原材料，为清热解毒的保健佳品，而且其幼苗鲜嫩可食，风味独特，是东北地区最受喜爱的山野菜之一。

兴安升麻根茎为不规则长块状，多分枝，呈结节状，长 10~20 cm，直径 2~4 cm。表面黑褐色或棕褐色，粗糙不平，有许多下陷圆洞状的老茎残基。茎高 1 m 左右，微有纵槽，无毛或微被毛。下部茎生叶为二回或三回三出复叶；叶片三角形，宽达 22 cm；顶生小叶宽菱形，长 5~10 cm，宽 3. 5~9. 0 cm，三深裂，基部通常呈微心形或圆形，边缘有锯齿，侧生小叶长椭圆状卵形，稍斜，表面无毛，背面沿脉疏被柔毛；叶柄长达 17 cm。上部茎生叶似下部叶，但较小，具短柄。花序复总状，花单性，雌雄异株。雄株花序大，长达 30 cm，具分枝 7～20 条，雌株花序稍小，分枝也少；轴和花梗被灰色腺毛和短毛；苞片钻形，渐尖；萼片呈宽椭圆形至宽倒卵形，长 3.0～3.5 mm；退化雄蕊先端 2 深裂，具 2 个乳白色的空花药；花药长约 1 mm，花丝丝形，长 4～5 mm；心皮 4～7，疏被灰色柔毛或近无毛，无柄或有短柄。蓇葖生于长1～2 mm 的心皮柄上，长 7～8 mm，宽 4 mm，顶端近截形被贴伏的白色柔毛；种子 3～4 粒，椭圆形，长约 3 mm，褐色，四周生膜质鳞翅，中央生横鳞翅。花期 7—8 月，果期 8—9 月。图 15-1 所示为兴安升麻植株。

图 15-1　兴安升麻植株

兴安升麻分布于山西、河北、内蒙古、辽宁、吉林、黑龙江等地，生于海拔 300～1200 m 的山地林缘灌丛及山坡疏林或草地中。蒙古、俄罗斯西伯利亚及南亚也有分布。

一、产业现状

辽宁省是兴安升麻的主要道地产区之一。由于长期过度采挖，兴安升麻野生资源日渐匮乏且分布疏散，无法满足市场需求，近几年人工驯化栽植面积不断扩大，虽已初步形成栽培流程，但规范化种植技术尚不成熟，未形成完整体系。辽宁省兴安升麻栽培面积约 1000 亩，主要种植地区为新宾县、清原县、本溪县、桓仁县、岫岩县、西丰县等地。目前，升麻市场价格相对稳定，保持在 60~70 元/kg；辽宁省从事兴安升麻种植的专业合作社有 10 家左右，主要从事升麻的种植、产地初加工、储存和销售，为种植户提供产前、产中、产后服务，以及相关生产技术支持。图 15-2 所示为兴安升麻种植基地。

图 15-2　兴安升麻种植基地

野生升麻一般生于半阴半阳的山坡灌丛、林缘及疏林下，自然更新较差，幼苗生长缓慢。现阶段，由于生态环境的破坏和过度采挖，野生升麻遭受了严重破坏，资源数量极速减少，不能满足市场需求，故开展人工栽培势在必行。目前，辽宁省尚无升麻规范化良种繁育基地，少数育苗基地存在盲目引种、种子种苗质量不稳定、品种混杂等现象，良种选育和标准化种植技术落后，无法保证升麻的药效和质量。为促进升麻规范化生产，迫切需要推广标准化种植技术。

二、生态种植技术

（一）选地整地

根据野生兴安升麻分布地区气候条件，兴安升麻适宜在海拔300~2000 m、年平均气温1~10 ℃、年降水量400 mm以上的地区栽培，土壤、空气、水的质量应符合国家相关标准。土壤以含腐殖质的砂质壤土为佳，土质应疏松、微酸性或中性。耕地附近无污染源，地块排水顺畅，近距离内有自然水源或井供水，以保证栽培灌水需要。

林下种植是一种仿野生、不破坏生态平衡的生态种植模式。兴安升麻林下生态种植符合其生态学特征，林下生境更与升麻生长环境需求相匹配，且具有不与粮食争地、生态环保等优势，生产成本也大幅降低。目前，林下种植成为升麻种植的主要方式和未来发展趋势，适宜在山区林地推广。林下栽培应选择缓坡林缘地及林下空地，以及土层疏松、土质肥沃、排水良好的含腐殖质的砂质壤土或壤土栽种。碱性或重黏土中栽培的兴安升麻生长不良，也不可选低洼且易积水的地块。

整地时，将土壤翻耕2次，深度30 cm，并施入充分腐熟的农家肥，每亩用量为1500~2000 kg；整平起垄，一般畦面宽100~130 cm、高10~20 cm。

（二）育苗技术

由于兴安升麻花期较长、种子成熟时间长短不等，因此需要随熟随采。当果实由绿变黄、果皮开始枯干、果瓣开裂前将果穗剪下，果穗晒干后果皮全部裂开，除去果皮及杂质，再将种子晒干后即可秋季播种。图15-3所示为兴安升麻种子。春季播种时，将种子与湿沙按照1∶3混合，置于深40 cm的土坑中过冬。第2年土地解冻后挖出，播种。

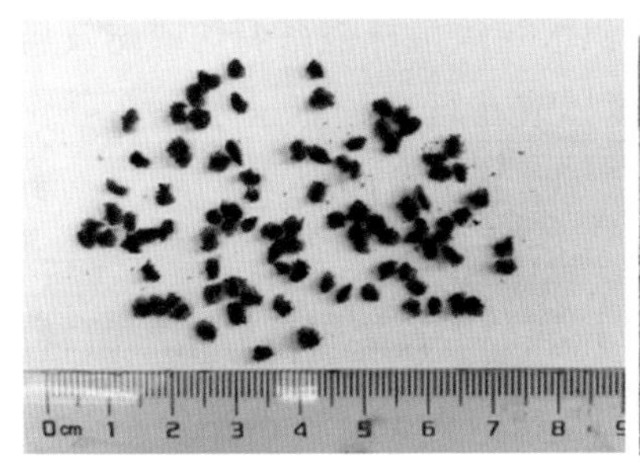

图 15-3　兴安升麻种子

图 15-4　兴安升麻种苗繁育基地

春季播种时间为 3 月土壤解冻后至 4 月下旬，秋季播种在 10—11 月，每亩用种量 2.5~3.5 kg。播种前，应将种子进行消毒处理。播种采用撒播方式，将种子均匀地撒播在床面，覆盖 1~2 cm 细土，将表面稍加镇压，并覆盖一层稻草保湿（图 15-4），播种后及时浇水，及时清除杂草。升麻幼苗怕强光照射，因此要在床面搭建遮阳网。一般种苗生长 1 年以上即可移栽。

（三）移栽

兴安升麻秋季和春季均可移栽。秋栽时间为植株枯萎至土壤结冻前，春栽时间为植株返青前。兴安升麻移栽前，要剔除患病虫害的根茎，并根据根茎的粗细和长短分开移栽。株行距为（25~30 cm）×（40~50 cm），沟深宜超出种栽长度 3~5 cm，覆土厚度2~3 cm，稍加镇压。移栽后应及时浇水，使土壤润透。

（四）田间管理

1. 中耕除草

出苗后，根据杂草情况及时除草。每年人工除草 3~5 次。雨后或土壤过湿，不宜拔草。

2. 灌溉与排水

兴安升麻喜湿润环境，干旱时要及时浇水，保持土壤湿润。

雨季要注意及时排水防涝，以免积水导致植株根系腐烂或诱发病虫害。平时田间应保持土壤湿度，或在行间种植玉米等高秆作物，以创造遮阳保湿的环境。

3. 施肥

田间管理中，应结合不同生长期、生长年限适时增施肥料，补充土壤肥力，满足兴安升麻对养分的需求，保证植株长势良好。施肥应以农家肥、有机肥和复合肥为主。一般情况下，追肥与中耕除草同时进行，在6—7月，要根据幼苗生长情况适量追施腐熟的农家肥或有机肥。

4. 摘除花蕾

兴安升麻一般在7—8月现蕾开花，为减少花序的营养消耗，促进兴安升麻的根茎生长，除保留产种植株，将不用于留种的植株在花蕾初期及时摘除花蕾，使营养物质集中向根茎积累，从而提高兴安升麻产量。

三、病虫害防治技术

（一）根腐病

1. 症状

兴安升麻根腐病发病初期，植株地上部分症状不明显，叶片由下而上逐渐变黄，由于病株根部腐烂，吸收水分和养分的功能逐渐减弱，最后整株枯萎、死亡。

2. 发生规律

根腐病病菌在土壤及病残体上越冬，种苗也可带菌。一般多在3月下旬至4月发病，5月进入发病盛期。病菌主要侵染根部。地势低洼或排水不良的地块病害发生较重。土壤黏性大、通气不良会使根系生长发育受阻，也易发病。受到机械损伤及地下害虫为害时，病菌易于侵入。

3. 防治方法

（1）选用抗病品种。选用健壮无病的种苗，不在发病的田块中留种，以减少病害发生。

（2）消毒处理。播种前，将种子和种苗用次氯酸钠消毒处理。

（3）加强田间管理。选择排水良好、土质肥沃、质地疏松的地块种植；施入充分腐熟的有机肥；雨季及时排除田间积水；如发生病害，应及时清除病株，并在病穴撒入生石灰消毒。

（4）生物防治。利用芽孢杆菌和木霉菌等生防菌防治。

（二）灰斑病

1. 症状

兴安升麻灰斑病病菌主要为害叶片，叶片发病早期出现黑褐色或灰褐色小斑，然后病斑逐渐扩大呈圆形至不规则形病斑，使叶片枯黄脱落。夏季多雨月份容易发病，严重时地上部分叶片干枯致死。

2. 发生规律

灰斑病病菌在病残体及土壤中越冬，翌年条件适宜时侵染叶片，借风雨传播。高温、高湿易于发病。一般发病时间在每年7—8月。

3. 防治方法

（1）发病初期，采用枯草芽孢杆菌配置成80倍液喷施。

（2）秋季清理田地，将病株销毁，减少传染源。

（3）雨季及时排除田间积水。

（4）如发生病害，要及时拔除病株。

（三）蛴螬

1. 为害特征

蛴螬为兴安升麻种植中常见的害虫。蛴螬为害一般发生在

5—6月。蛴螬咬食兴安升麻的幼嫩根茎，造成断苗或根部空洞，以致植株矮小或死亡，导致药材产量和品质下降。

2. 发生规律

兴安升麻蛴螬发生规律同黄精蛴螬发生规律，此处不再赘述。

3. 防治方法

（1）采用生物防治方法，利用昆虫病原真菌防治蛴螬。目前，防治蛴螬有效的病原微生物主要有绿僵菌、白僵菌。

（2）通过对种植地块进行深翻、精耕细作，可直接进行机械杀伤，还可将虫蛹翻至地表，使其暴晒致死或冻死，从而起到降低虫害的作用。

（3）蛴螬取食蓖麻后，蓖麻碱和蓖麻蛋白会起到麻痹的作用，使其不能入土，可降低土壤中蛴螬数量。因此，利用田边、地头、村边、沟渠附近的空地种植蓖麻，可减少蛴螬对作物的为害。

（4）利用成虫的趋光性，在其盛发期用黑光灯或黑绿单管双光灯诱杀成虫。

四、采收初加工技术

根据品种、入药部位的不同，把有效成分的积累动态与药用部位的产量变化结合起来考虑，以药材质量的最优化和产量的最大化为原则，确定最佳采收期和采收方法，才能够获得高产优质的药材。有学者研究分析，6—10月，兴安升麻根茎中咖啡酸质量分数变化范围为0.018%~0.054%、阿魏酸质量分数为0.014%~0.066%、异阿魏酸质量分数为0.069%~0.206%。8—9月阿魏酸含量较高，但异阿魏酸含量普遍较低，可能二者之间存在相互转换，总酚酸含量在10月明显高于7—9月。

兴安升麻一般定植4年以上进行采收。10月或秋季地上部分植株枯萎后割去地上部茎叶，将根茎挖出，去掉泥土，晒至八成干时燎去或除去须根，再晒至全干。

本章参考文献

[1] 国家药典委员会.中华人民共和国药典:2020 年版　一部[M].北京:中国医药科技出版社,2020.

[2] 任伟超,孙伟,孟祥霄,等.升麻无公害种植技术探讨[J].世界科学技术-中医药现代化,2019,21(12):2775-2780.

[3] 王彦辉.北升麻规范化栽培技术[J].农业开发与装备,2016(7):136.

[4] 邓一平,李乔,秦汝兰,等.不同采收期兴安升麻中 3 种酚酸类成分和总酚酸的含量测定[J].沈阳药科大学学报,2016,33(1):87-92.

第十六章　玉竹

玉竹［*Polygonatum ordoratum*（Mill.）Druce］是百合科黄精属多年生草本植物，别名萎、地管子、尾参、铃铛菜。以根茎入药，秋季采挖，除去须根，洗净，晒至柔软后，反复揉搓、晾晒至无硬心，晒干；或蒸透后，揉至半透明，晒干。玉竹味甘，微寒；归肺、胃经。有养阴燥湿、生津止渴等功效，用于治疗肺胃阴伤、燥热咳嗽、咽干口渴、内热消渴等症。

玉竹根茎（图16-1）圆柱形，直径5~14 mm，茎高20~50 cm，具7~12叶。叶互生，椭圆形至卵状矩圆形，长5~12 cm，宽3~16 cm，先端尖，下面带灰白色，下面脉上平滑至呈乳头状粗糙。花序具1~4花（在栽培情况下，可多至8朵），总花梗（单花时为花梗）长1.0~1.5 cm，无苞片或有条状披针形苞片；花被（图16-2）黄绿色至白色，全长13~20 mm，花被筒较直，裂片长3~4 mm；花丝丝状，近平滑至具乳头状突起，花药长约4 mm；子房长3~4 mm，花柱长10~14 mm。浆果（图16-3）蓝黑色，直径7~10 mm，具7~9颗种子。花期5—6月，果期7—9月。

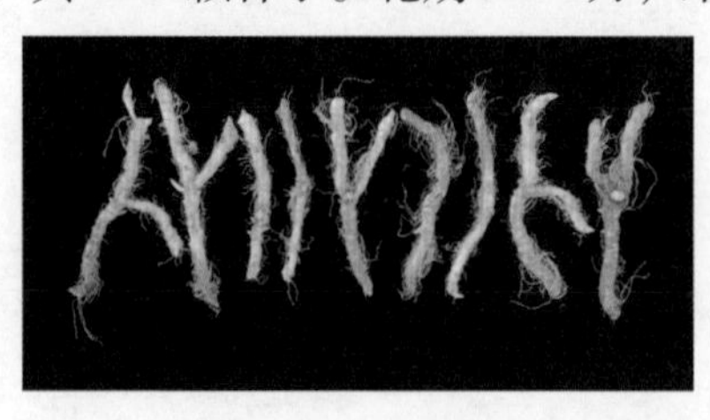

图16-1　玉竹根茎

图 16-2 玉竹开花

图 16-3 玉竹果实

中国玉竹资源丰富，产于黑龙江、吉林、辽宁、河北、山西、内蒙古、甘肃、青海、山东、河南、湖北、湖南、安徽、江西、江苏、台湾等地，生于林下或山野阴坡，种植地海拔为 500~3000 m。欧亚大陆温带地区也有广布。

一、产业现状

东北玉竹商品在 21 世纪初以前主要源于野生玉竹，随着市场需求量增加，以及人们过度采挖，野生玉竹数量逐年减少。人工种植（图 16-4）成功后，玉竹种植面积有了显著扩大。从玉竹市场价格的变化来看，东北玉竹 2001—2005 年进入快速发展期，2005—2016 年进入高峰发展期。目前，东北玉竹人工栽培面积已超过 4000 hm^2，主要分布在辽宁的宽甸、桓仁、清原、新宾及吉林的通化、敦化、延吉等地，销往韩国及东南亚地区，主要加工成保健品、饮品、食物添加剂等食用产品。

随着对玉竹药食两用价值的不断开发，虽然玉竹种植规模逐渐扩大，但存在可利用土地资源不断减少、轮作周期缩短、种植

图 16-4　玉竹人工种植

年限增加、病害逐年加重、生产中应用的品种混杂退化、种苗参差不齐、栽培及采收加工技术不规范等问题。因此，采用优质种苗、加强玉竹规范化种植，是提高药材质量的有效途径。

二、生态种植技术

（一）选地与整地

选择合适的种植地块是玉竹生长的先决条件。土壤、空气、水的质量要符合国家相关标准。种植地宜选择土层深厚、排水良好、疏松肥沃、富含腐殖质、向阳的微酸性砂质壤土，忌在土质黏重、地势低洼、易积水的地块种植。玉竹不宜连作，前茬作物以禾本科（如玉米、水稻等）和豆科作物为佳，不宜为百合、葱、芋头、辣椒等作物。轮作年限要超过 3 年，种植老区要超过 7 年。整地前要先施入充分腐熟的农家肥，每亩用量为 1500~2000 kg，均匀撒于地表。然后将土深翻 30 cm，细耙做床，床宽 100~130 cm、高 15~20 cm，沟宽 25~30 cm。

（二）育苗

1. 种子繁殖

采摘成熟果实，放入水中浸泡 2~3 d。搓去果皮后与 3 倍的湿沙混拌均匀。在背阴背风处挖深 40~50 cm 的坑，将种沙放入坑中覆土 15~20 cm，上面盖上稻草或草帘，第 2 年春季取出播种。做畦播种，在畦上按照行距 10 cm 开深 2~3 cm 的沟，将玉竹种子（图 16-5）均匀撒入沟中，覆土 2 cm 镇压后覆盖稻草等物，浇水保持土壤湿润。也可采用撒播的方式播种。

图 16-5 玉竹种子

2. 根茎繁殖

收获时，从苗秆粗壮的植株中选取当年生、无虫害、无黑斑、无麻点、无损伤、无腐烂、勿伤热、色黄白、顶芽饱满，以及有 2~3 个节的肥大根茎作种栽。

（三）移栽

春秋两季均可进行移栽。秋季一般在 9 月下旬至 10 月上旬进行移栽；春季一般在 4 月中下旬种茎萌芽前进行移栽。可在收获时随采随栽。根据不同的土质、肥力、种栽质量和起挖年限，合理确定栽植密度。一般株距10~15 cm、行距25~30 cm，在畦面上横向开沟，深8~10 cm，种栽在沟底纵向排列，芽苞朝一个方向，并向上倾斜摆放，覆土厚度6~7 cm。

（四）田间管理

1. 中耕除草

出苗后，第1年除草可用手拔或浅锄，但根茎密布地表层（图16-6）后，只宜用手拔除。雨后或土壤过湿，不宜拔草。玉竹根系较浅，不宜多次中耕，一般在出苗后中耕1~2次，既可保持土壤松软，又可清除杂草。

图16-6　玉竹春季生长情况

2. 追肥

根据药材的生长、土壤肥力等进行施肥。一般情况下，追肥与中耕除草同时进行，施入充分腐熟的农家肥15 t/hm^2。每年入冬前施一次农家肥。

3. 灌溉与排水

玉竹喜湿润但忌积水，多雨季节需及时排水。长期水泡会影响其根系的呼吸作用，导致出现烂根现象。在干旱季节，应及时灌溉，从而促进根茎生长。没有灌溉条件的，可采用稻草等秸秆进行行间覆盖保湿，也可在行间种植玉米等高秆作物，以创造良好的阴湿环境。

4. 遮阳

野生玉竹生于山坡阴湿草丛中，比较耐阴喜湿，忌强光直射。尹立辉等研究表明：遮荫处理对玉竹产量的影响，以全光照的30%为宜。李世等研究表明：玉米不仅是较理想的遮阳作物，还有利于提高耕地的经济效益，玉米与玉竹是较理想的粮药间作模式，玉米植株较高大、紧凑、遮阳度适中，可使玉竹生长良好，且秋季枯萎晚；同时，玉米本身喜温好光，增产潜力大。

三、病虫害防治技术

玉竹的主要病害有根腐病、炭疽病、褐斑病、紫轮病，虫害有蛴螬为害等。要贯彻“预防为主、综合防治”植保方针，采用农业防治法、生物防治法和物理机械防治法进行病虫害防治。

（一）根腐病

1. 症状

玉竹根腐病病菌主要侵染玉竹根茎。发病初期为淡褐色圆形病斑，后期病部腐烂，组织离散、下陷，病斑直径5~11 mm，重者病斑扩展连成大块（图16-7）。植株地上部叶片变黄、逐渐干枯（图16-8），植株倒伏。根腐病会严重影响玉竹的品质和产量。

2. 发生规律

根腐病病菌以种子、种苗、病土及病残体带菌越冬，属土传根部病害。6—9月高温多雨，玉竹进入发病高峰期。地势低洼、土壤黏重、排水不良、地下害虫多等，易诱发根腐病。该病发生还与运输过程中受热或失水过多有关。此外，植株生长不良、生

图 16-7　玉竹根腐病植株与健康株对比

图 16-8　玉竹根腐病植株地上部症状

产上偏施氮肥，发病重。

3. *防治方法*

（1）选用无病健康的种子和种苗。

（2）选择排水良好、土壤疏松的地块种植，使用充分腐熟的有机肥。

（3）实行5年以上轮作，有条件的实行水旱轮作，切忌重茬。

（4）旱季要及时浇水；雨后及时开沟排水，降低田间湿度。

（5）注意田间卫生，降低菌源基数。发病初期，及时挖除病株，并用生石灰消毒病穴。冬季前，彻底清除重病株及根土，并将病株集中深埋或烧毁。

（6）生物防治，利用芽孢杆菌和木霉菌等生防菌防治。

（二）炭疽病

1. 症状

玉竹炭疽病主要为害叶片。发病初期病斑水渍状、圆形；随着病情逐渐发展，叶脉色由绿变黄，病斑中间部位坏死，并逐渐向四周扩展，且不受叶脉限制，病斑的边缘形状不规则；后期病斑表面着生黑色小点。

2. 发生规律

炭疽病病原菌在病株残体上越冬。高温、高湿易于发病，6—7月为其发病盛期。

3. 防治方法

（1）选择抗病品种，培育壮苗，提高植株的抗病能力。

（2）实行合理轮作，种植年限不宜过长。

（3）收获后及时清除病残体，并集中深埋或烧毁，以减少菌源。

（4）加强肥水管理，做好排灌工作。

（三）褐斑病

1. 症状

玉竹褐斑病病菌侵染叶片。被害叶片上会产生褐色椭圆形或圆形病斑，病斑边缘紫褐色，中央呈灰白色。潮湿天气，病斑上生灰褐色霉状物，为病原菌的分生孢子和分生孢子梗。病斑常造成叶片局部或全部枯死，从而影响玉竹产量。

2. 发生规律

褐斑病病菌以分生孢子器和菌丝体在土壤中及田间病株残叶上越冬。翌年条件适宜时，产生分生孢子侵染叶片，并可多次再侵染。多雨、高湿、高温易于发病。一般5月初开始发病，7—8月病害严重，直至收获均可感染发病。植株过密、氮肥施用过多及田间湿度大，均易于发病。

3. 防治方法

（1）发病早期及时剪除病部。入冬前彻底清除田间病株残体，并集中烧毁或深埋，减少初侵染源。

（2）增施腐熟的有机肥。所施氮肥不宜过多，避免植株生长过于茂盛。

（3）适当调整种植密度，注意通风、透光。

（4）适度浇水，避免过湿过干。

（四）紫轮病

1. 症状

玉竹紫轮病病菌主要侵染叶片，叶片上病斑呈圆形至椭圆形，病斑边缘有数层紫色同心环状纹，初期紫红色，逐渐变深，扩展后中央呈灰至灰褐色。后期，病斑中部逐渐干枯，产生黑色小点，为分生孢子器。

2. 发生规律

紫轮病病菌以分生孢子器和菌丝体在根芽或病叶上越冬，翌年环境条件适宜时，产生分生孢子，并随气流传播再次侵染。在生长期间，病菌又可形成分生孢子进行再侵染。紫轮病发病盛期为7—8月。感染此病会严重影响玉竹叶片的光合作用，致使植株生长不良，导致减产。

3. 防治方法

（1）清洁田园，秋后彻底清除和销毁田间病株残体，减少初侵染源。

（2）发病早期及时摘除病叶，并集中烧毁或深埋。

（3）适当调整种植密度，注意通风透光。

四、采收初加工技术

玉竹一般种植 3 年后收获，既可于 9 月植株地上部正常枯萎后采挖，也可在早春 4 月采挖；选晴天土壤比较干燥时收获。采挖时，先割去地上茎秆，采用人工或机械挖掘，从床的一端开始，朝另一方向按照顺序起挖，应避免破伤外皮和断根，抖净泥土，去除残茎，防止折断。

初加工常用晒干、烘干加搓揉结合法或蒸揉结合法。

将挖出的根茎，首先按照长短、粗细挑选分等；然后分别摊晒，晒 2~3 d，根茎柔软不易折断，并放入筛子内揉搓后，筛掉须根和泥土；最后放在水泥地面、石、木板上搓揉。搓揉时，要先慢后快、由轻到重，至粗皮去净、内无硬心、色泽金黄、呈半透明状、手感有糖汁黏附时为止，再晒干，即成商品玉竹。

将挖出的玉竹根茎先用清水淋洗，再放进烘干室，50 ℃烘约 24 h 至根茎柔软不易折断、须根干燥后取出，放进脱毛机，脱去须根毛。脱毛过程也是机械搓揉过程，通过脱毛搓揉，玉竹内无硬心、色泽金黄、呈半透明状，再放进烘干室烘干，即成商品玉竹。

将淋洗后的玉竹根茎放进蒸箱中蒸至柔软，取出，放进烘干室烘约 24 h，再放进脱毛机脱去须根毛，待色泽金黄、呈半透明状，再烘干。

本章参考文献

[1] 郑晓宁,张瀚文,赵桂.辽宁地区玉竹栽培技术要点[J].特种经济动植物,2015,18(6):30-32.

[2] 付海滨,曹志军,张敏.出口玉竹规范化生产标准操作规程(SOP)[J].现代中药研究与实践,2015,29(3):1-2.

[3] 张国锋,宋宇鹏,奚广生.吉林地区玉竹栽培密度的研究[J].北方园艺,2012(18):61-62.

[4] 贾秀梅.玉竹常见病害的发生及综合防治[J].特种经济动植物,2011,14(10):51-52.

[5] 张健夫,赵忠伟.玉竹高产栽培技术的研究[J].长春大学学报,2014,24(4):473-475.

[6] 王艳玲,谭起娇.不同品系及不同生长年限关玉竹的品质比较[J].贵州农业科学,2012,40(5):157-158.

[7] 张国锋,宋宇鹏,郑永春.东北地区玉竹根茎繁殖技术研究[J].北方园艺,2012(14):172-174.

[8] 尹立辉,孙亚峰.遮荫对玉竹产量的影响[J].吉林农业,2016(23):79.

[9] 李世,郭学鉴,苏淑欣,等.玉竹高产高效栽培技术研究[J].中药材,1997,20(10):487-490.

[10] 何海永,李继业,赵玳琳,等.玉竹炭疽病的病原鉴定[J].中药材,2023,46(2):293-297.

[11] 周如军,傅俊范.药用植物病害原色图鉴[M].北京:中国农业出版社,2016.